Jarisoa Tsarahevitra

Culture de spiruline en eau de mer

Jarisoa Tsarahevitra

Culture de spiruline en eau de mer

Adaptation de la spiruline du sud de Madagascar en
eau de mer. Mise au point des structures de
production villageoise

Presses Académiques Francophones

Impressum / Mentions légales

Bibliografische Information der Deutschen Nationalbibliothek: Die Deutsche Nationalbibliothek verzeichnet diese Publikation in der Deutschen Nationalbibliografie; detaillierte bibliografische Daten sind im Internet über http://dnb.d-nb.de abrufbar.

Alle in diesem Buch genannten Marken und Produktnamen unterliegen warenzeichen-, marken- oder patentrechtlichem Schutz bzw. sind Warenzeichen oder eingetragene Warenzeichen der jeweiligen Inhaber. Die Wiedergabe von Marken, Produktnamen, Gebrauchsnamen, Handelsnamen, Warenbezeichnungen u.s.w. in diesem Werk berechtigt auch ohne besondere Kennzeichnung nicht zu der Annahme, dass solche Namen im Sinne der Warenzeichen- und Markenschutzgesetzgebung als frei zu betrachten wären und daher von jedermann benutzt werden dürften.

Information bibliographique publiée par la Deutsche Nationalbibliothek: La Deutsche Nationalbibliothek inscrit cette publication à la Deutsche Nationalbibliografie; des données bibliographiques détaillées sont disponibles sur internet à l'adresse http://dnb.d-nb.de.

Toutes marques et noms de produits mentionnés dans ce livre demeurent sous la protection des marques, des marques déposées et des brevets, et sont des marques ou des marques déposées de leurs détenteurs respectifs. L'utilisation des marques, noms de produits, noms communs, noms commerciaux, descriptions de produits, etc, même sans qu'ils soient mentionnés de façon particulière dans ce livre ne signifie en aucune façon que ces noms peuvent être utilisés sans restriction à l'égard de la législation pour la protection des marques et des marques déposées et pourraient donc être utilisés par quiconque.

Coverbild / Photo de couverture: www.ingimage.com

Verlag / Editeur:
Presses Académiques Francophones
ist ein Imprint der / est une marque déposée de
OmniScriptum GmbH & Co. KG
Heinrich-Böcking-Str. 6-8, 66121 Saarbrücken, Deutschland / Allemagne
Email: info@presses-academiques.com

Herstellung: siehe letzte Seite /
Impression: voir la dernière page
ISBN: 978-3-8416-2409-3

REMERCIEMENTS

Je tiens à remercier ici de tout mon cœur tous ceux qui, de près ou de loin, ont voulu contribuer à m'aider avec compréhension et bienveillance à mener à bien cette thèse.

Je remercie infiniment l'**IRD**, Institut de Recherche pour le Développement, qui a accepté le financement de cette thèse, son équipe locale et à l'étranger de l'aide technique et matériel pour la réalisation de ce travail.

Je témoigne particulièrement ma profonde et respectueuse gratitude à Monsieur **Loïc CHARPY** Directeur de l'UR099 à l'IRD, qui m'a fait découvrir l'univers de l'aquaculture de spiruline et qui ont bien voulu m'encadrer et donner des conseils au cours de la réalisation des travaux de terrain et de laboratoire. Les corrections qu'il apporte durant la rédaction de ce mémoire sont déterminantes pour rehausser la qualité de ce travail.

J'exprime ma vive gratitude à Madame Le Professeur **RANAIVOSON Eulalie**, Enseignant Chercheur à l'Institut Halieutique et des Sciences Marines de Toliara qui a bien voulu présider le jury de cette soutenance. Je voudrais aussi le remercier pour toutes les recommandations prodiguées au cours de la rédaction.

Je remercie tout particulièrement Monsieur **MARA Edouard REMANEVY**, Maître de conférences, enseignant chercheur de l'Institut Halieutique et des Sciences Marines de Toliara de ses conseils précieux et de soutiens moraux.

J'adresse également mes vifs remerciements à Madame **Béatrice DAGAULEJAC**, qui m'a beaucoup aidé dans l'élaboration de la présente thèse.

Mes gratitudes vont également à l'endroit de Madame **RAVELO Vololonavalona**, enseignement chercheur de l'IHSM pour sa collaboration florissante et aide technique pendant le réalisation de cette thèse.

Je témoigne ma profonde et respectueuse gratitude à Monsieur **RABENEVANANA Man Wai**, Directeur de l'Institut Halieutique et des Sciences Marines de ses encouragements incessants et de tous les efforts qu'il a fait pour mener à bien ce travail.

C'est avec plaisir que je témoigne aussi ma grande reconnaissance à Monsieur **RALIJAONA Christian**, Président du Collège des Enseignants Chercheurs de l'Institut Halieutique et des Sciences Marines, vice-président de l'Université de Toliara, pour toutes les corrections qu'il a bien voulu apporter à ce travail.

Je remercie également Monsieur le Professeur **VICENTE Nardo**, Enseignant à l'Université d'Aix Marseille III, et titulaire d'une délégation à l'Institut Halieutique et des Sciences Marines de Toliara, de ses corrections qu'il apporte pour mener ce travail à son terme, de l'aide matérielle, et l'accueil chaleureux lors des stages en France.

Mes profondes reconnaissances vont également à l'endroit de Monsieur **Jean BLANCHOT** qui accepte de juger ce travail.

Je remercie Monsieur **MIASA Eustache**, Maître de conférences de l'Institut Halieutique et de Sciences Marines de ses soutiens moraux au cours de l'élaboration de cette thèse.

Je remercie également Monsieur **Jean Paul JOURDAN** et sa femme **Dany** de leur accueil chaleureux lors de stage à Mialet. Il m'a initié à l'aquaculture de la Spiruline.

Mes profondes gratitudes vont également à l'endroit de Monsieur

2

Ripley Fox et sa femme **Denise** de leur accueil chaleureux. *Ils ont mis à ma disposition leur bibliothèque, soutien technique et matériel.*

Je remercie également Madame **LANGLADE Marie José** *de son soutien technique, matériel et moral durant les stages en France et tous les efforts qu'elle a apporté pour mener à bien ce travail.*

Je ne saurai oublier de remercier :

Tous **les Enseignants** *à l'IH-SM qui m'ont transmis sans retenu leurs connaissances. Je ne les remercierai jamais assez.*

L' **Institut Océanographique Paul Ricard (IOPR)** *des Embiez d'avoir offert la possibilité d'effectuer mes recherches à son laboratoire. Tout le personnel de l'IOPR pour leur accueil chaleureux durant les travaux de stage. Il a mis à ma disposition des moyens matériels pour la réalisation de ce travail. Je leur remercie infiniment.*

Les **personnels du Centre d'Océanologie de Marseille** *pour leur accueil chaleureux, leur hébergement et soutien matériel durant les stages en France. Qu'ils trouvent mes vives reconnaissances.*

Monsieur **Emile GAYDOU** *et son équipe phytochimie à la Faculté des Sciences et Techniques de Saint Jérôme, Aix Marseille III, de leur aide sur la détermination des constituants alimentaires de Spiruline produite d'eau de mer. Je leur remercie infiniment.*

Toute l'équipe **de la COUT** *(Cellule des Océanographes de l'Université de Toliara) pour l'esprit de coopération qu'elle a montré. Je le remercie.*

Et tous **ceux qui de près ou de loin**, *ont contribué à divers titres à l'aboutissement de ce travail. Je leur remercie également.*

Sommaire

6

Résumé

L'objectif de cette étude est de mettre au point un système simple de culture de Spiruline à l'échelle des communautés villageoises du sud de Madagascar. Nous avons utilisé la souche malgache que nous avons cultivée en eau de mer. Nous avons testé un milieu de culture constitué d'eau de mer traitée en précipitant le calcium et le magnésium avec des ajouts de $11g \, l^{-1}$ de carbonate de soude et $1g \, l^{-1}$ de bicarbonate de soude. En effet le calcium et le magnésium gênent la croissance de la spiruline. L'eau de mer traitée est enrichie avec du phosphore ($0.5g \, l^{-1}$ de $NH_4H \, PO_4$), de l'azote ($0.2g \, l^{-1}$ de $CO(NH_2)_2$ et du fer ($0.01 \, g \, l^{-1}$ de $FeSO_4$). Le traitement étant fastidieux et cher, nous avons aussi testé la possibilité de cultiver une souche péruvienne (Paracas) poussant naturellement dans des eaux riches en calcium et en magnésium en utilisant des traitements allégés. Les récoltes obtenues dans deux bassins de $10 \, m^{-2}$ contenant des milieux de culture d'eau de mer traitée , enrichie et d'eau douce enrichie sont comparables de l'ordre de $2 \, g \, m^{-2}j^{-1}$ en moyenne pendant 3 mois. Les souches malgaches et paracas poussent toutes les deux en milieu marin non traité mais la biomasse obtenue en 15 jours augmente en fonction du degré de traitement de l'eau de mer. La culture en eau de mer est possible mais un meilleur rendement est obtenu après traitement (précipitation du Ca et Mg)

Mots clé : *Spiruline, eau de mer, culture.*

Abstract

The aim of this study is to carry out a simple culture system adapted to village scale in south of Madagascar. We used the malagasy strain which we have adapted to seawater culture. The culture medium was obtained after treating seawater by precipitating calcium and magnesium with addition of Na_2CO_3 (11 g l^{-1}) and $NaHCO_3$ (1 g l^{-1}) . Indeed, the levels of calcium and magnesium found in seawater inhibit growth of Spirulina. The treated seawater is enriched with phosphorus ($NH_4H\ PO_4$: 0.5 g. l^{-1}) , nitrogen ($CO(NH_2)_2$: 0.2 g l^{-1}) and iron ($FeSO_4$: 0.01g l^{-1}). However the treatment of seawater in culture of Spirulina is expensive and time consuming. Therefore, culture tests were made with different treatments using Spiruline paracas, a strain isolated from Paracas in Peru, which naturally grows in waters rich in calcium and magnesium. Harvested biomasses of Spirulina grown in seawater and in the standard bicarbonate medium (in 10m^2 ponds) were comparable, around 2g m^{-2} j^{-1} (dry weight) during three mouths. Malagasy and paracas strains both can grow in an untreated seawater medium, however after 15 days the biomass increases with the degree of treatment of seawater. Spirulina culture in seawater is possible, but a better yield is obtained after treatment (precipitation of Ca and Mg)

Keywords: *Spirulina, seawater, culture*

1 INTRODUCTION GENERALE

La disparité entre l'accroissement démographique et la production alimentaire soulève des problèmes de jour en jour plus alarmants. La faim et la malnutrition existent dans le monde. La malnutrition selon Kapsiotis (1967) in (Busson, 1971) peut être le résultat combiné d'un manque de calories (glucides, lipides) et de protéines. Beaucoup de pays en voie de développement souffrent de malnutrition par manque de protéines. Des organismes internationaux concernés par ces problèmes, tels l'OAA (Organisation des Nations Unies pour l'Alimentation et l'Agriculture), la FAO (Food and Agriculture Organisation), l'OMS (Organisation Mondiale de la Santé), le FISE (Fonds International de Secours de l'Enfance), ont recommandé aux chercheurs du monde entier de réexaminer les potentiels alimentaires de l'humanité dans ses sources conventionnelles, semi-conventionnelles et non conventionnelles. Pour accroître les ressources alimentaires de l'humanité, il faut s'intéresser aux sources non conventionnelles c'est à dire celles qui n'ont pas été exploitées jusqu'ici. De nombreuses micro algues, notamment les *Chlorelles, Scenedesmus, Coelastrum* et la cyanobactérie Spiruline, ont depuis longtemps retenu l'attention des chercheurs comme sources de protéines (Kihlberg, 1972) in (Rao, 1981). La *Chlorelle* et la Spiruline se développent dans un milieu très sélectif que la culture en plein air rend possible avec un risque relativement faible de contamination par d'autres algues ou protozoaires. La Spiruline a une taille assez grande (jusqu'à 200-500 µm) qui lui confère une biomasse techniquement facile à récolter. Elle présente le grand avantage par rapport aux autres microorganismes, d'avoir été consommée spontanément depuis des siècles et de l'être encore par certaines populations. A Mexico, les

Aztèques récoltaient la Spiruline locale du lac Texcoco pour être utilisée comme complément alimentaire (Farrar 1966). Dans les lacs de la région du Kanem au Tchad, la Spiruline locale est traditionnellement récoltée, séchée sous forme de gâteau et vendue au marché sous le nom de «dihé» (Leonard, 1966).

La Spiruline peut être obtenue de trois manières :

1/ en milieu naturel, dans les lacs ou étangs où elle se développe naturellement (Tchad, Mexique, Chine) et où elle est récoltée directement ;

2/ en milieu de culture synthétique pour une production artisanale. Les techniques de cultures sont simplifiées et demandent une formation minimum. Ce type de culture peut être vulgarisée et mise à la portée de la population à faible revenu.

3/ en milieu de culture synthétique contrôlé pour une production industrielle (USA, Inde, Chili, Thaïlande, Chine). La culture est alors réalisée dans des bassins de formes diverses, de grande surface (plusieurs hectares) agités mécaniquement. La récolte se fait par filtration sous vide, la Spiruline est séchée par atomisation. L'investissement est élevé mais la quantité produite peut atteindre des centaines de tonnes.

Cette étude a été menée en considérant que la Spiruline, en raison de sa composition en micronutriments pourrait apporter une contribution à la lutte contre la malnutrition dans les pays en voie de développement et à Madagascar en particulier.

Les pays en voie de développement sont généralement situés dans la zone intertropicale, caractérisée par une forte luminosité et des températures élevées. La région de Toliara située au Sud-Ouest de Madagascar, terrain sur lequel sont réalisées les expérimentations de ma thèse, est une région aride qui n'échappe pas à cette règle. Ces conditions environnementales sont particulièrement favorables à la croissance de la Spiruline (Vonshak, et al., 1982).

Le premier facteur limitant l'extension de la culture de Spiruline dans les pays en voie de développement est le manque d'eau douce. Ceci est particulièrement vrai dans de nombreuses régions de Madagascar et notamment à Toliara. Cette région, caractérisée par un climat chaud et sec avec une courte saison des pluies (décembre – avril), est classée la région la plus sèche de l'île.

Des recherches dans plusieurs pays ont montré que la Spiruline pouvait se développer en milieu marin (Faucher, et al., 1979) (Vonshak, et al., 1988) (Clement, Rebeller 1974, Wu, et al., 1993) (Tredici, et al., 1986). D'autre part Lemoine, et al. (1993) soulignent une relative stabilité des propriétés nutritionnelles et thérapeutiques (provitamine A) de la Spiruline cultivée en eaux salées. Ces résultats montrent l'intérêt que pourrait présenter la culture de la Spiruline en milieu salé voire marin et de la développer le long des zones côtières.

Le Sud Ouest de Madagascar possède des gisements naturels de Spirulines, en particulier à proximité de la ville de Toliara. L'Institut Halieutique et des Sciences Marines (IH-SM) de Toliara a déjà entrepris un programme de recherche sur la souche locale (Ravelo, 2001).

Dans le cadre de la présente étude, les principaux objectifs sont :

1- Améliorer les connaissances sur *Spirulina platensis* variété Toliara : écophysiologie.
2- Adapter la souche de Toliara à la culture en eau de mer
3- Définir un milieu de culture bon marché et viable dans les conditions de Madagascar.

4- Concevoir des unités de production à l'échelle des communautés villageoises

5- Evaluer la qualité nutritive de la Spiruline cultivée en milieu d'eau de mer traitée et enrichie.

La première partie de ce travail cadre notre étude et s'appuie exclusivement sur des références bibliographiques : elle consiste en une présentation de la Spiruline, des gisements naturels, de la malnutrition à Madagascar et des expériences de cultures de Spiruline réalisées dans le monde pour lutter contre la malnutrition. La deuxième partie traite de la culture de Spiruline proprement dite et des expériences que nous avons réalisées en eau de mer et en eau douce. Enfin dans la troisième partie, nous proposons un système de culture à l'échelle des communautés villageoises malgaches.

2 CONTEXTE DE LA SPIRULINE

2.1 Généralité sur les Cyanobactéries

Le groupe des cyanobactéries anciennement appelées algues bleues puis cyanophycées est constitué des bactéries capables de photosynthèse avec production d'oxygène. Une des caractéristiques des cyanobactéries est qu'elles possèdent des thylakoides, siège de la photosynthèse, recouverte de granules protéiques associées à une partie pigmentaire, ce qui constitue les phycobiliprotéines. Outre la photosynthèse, ils assurent deux autres fonctions: la respiration et, chez certaines espèces, la fixation de l'azote atmosphérique. Ce groupe est le plus ancien connu sur la planète. La plupart des procaryotes fossiles de la fin du protérozoïque seraient des cyanobactéries. Des recherches en Afrique du sud, ont permis la découverte de fossiles de cyanobactéries datant de 3,5 milliards d'années (Durand-Chastel, 1993). Elles ont permis l'introduction de l'oxygène indispensable à la vie dans une atmosphère de gaz irrespirable. Ainsi, elles seraient à l'origine de la vie sur la planète (Durand-Chastel, 1993) .

Le terme cyanobactérie (du grec cyano = bleu) indique la présence dans cet organisme de la phycocyanine, un pigment photosynthétique accessoire bleu (Golubic, 1993). Elles peuvent être unicellulaires (*Aphanocapsa raspigellae*) ou filamenteuses ; dans le dernier cas, leurs cellules s'agglomèrent en amas de type colonies maintenues ensemble par une gelée extracellulaire (*Merismopédia affixa*), ou le plus souvent, en filaments composés de cellules alignées que l'on appelle « trichome » non ramifiées (*Spirulina gigantea, Nostoc commune*) ou bien en filaments ramifiés (*Rivularia atra*). La taille des cellules de cyanobactéries varie de 1 à 10 µm. Leur paroi est de type Gram-négatif classique. Les éléments nucléaires des cellules ne sont pas entourés par des membranes nucléaires ; ce sont de vrais procaryotes. Beaucoup de cyanobactéries surtout parmi les filamenteuses sont capables de fixer l'azote atmosphérique grâce à la présence d'un enzyme la nitrogénase.

La plupart des cyanobactéries sont capables de se déplacer soit à l'aide de vésicules gazeuses, soit par glissement grâce à des microfibrilles.

2.2 La Spiruline

2.2.1 *Classification*

La Spiruline était à l'origine considérée comme une algue. Cependant, en 1960 une claire distinction entre procaryote et eucaryote a été définie, basée sur la différence d'organisation cellulaire : les procaryotes groupent tout organisme dépourvu de compartiment cellulaire tandis que les eucaryotes groupent celui qui a des organelles c'est à dire des nucléoles et mitochondries (Durand-Chastel, 1993). En 1962, Stanier et al (Stanier, 1974, Stanier, Van Niel C. B., 1962) constataient que cette algue bleue-verte était dépourvue de compartiments cellulaires donc faisait partie des procaryotes ; ils proposaient de désigner ce microorganisme «Cyanobactérie». Cette nouvelle désignation est finalement acceptée et figure pour la première fois au «Bergey's Manual of Determinative Bacteriology en 1974» (Stanier, 1974) in (Durand-Chastel, 1993).

On la classe donc selon Ripley Fox (Fox, 1999a) dans :

Règne Monera

    Groupe ou Sous Règne Procaryotes

    Embranchement des Cyanophyta

    Classe des Cyanophyceae

Ordre des Nostocales (= Oscillatoriales)

Les Nostocales sont des cyanophycées filamenteuses, unisériées, ramifiées (fausses ramifications simples ou géminées) ou non ramifiées. Elles se multiplient le plus souvent par hormogonies pluricellulaires et parfois par akinètes.

Famille des Oscillatoriaceae

Les Oscillatoriaceae se caractérisent par : des trichomes cylindriques, unisériées, simples, qui sont atténués parfois à l'apex par une courbure ou par la présence d'une coiffe, mais jamais en poils articulés. Les trichomes sont nus ou pourvus d'une gaine.

Il n'y a pas de ramification et pas d'hétérocyste.

Genre Oscillatoria

Les trichomes sont libres, solitaires et dépourvus de gaine. Ils sont droits ou flexueux et parfois tordus en une hélice régulière.

Sous genre Spirulina

On peut considérer *Spirulina* comme sous genre d'*Oscillatoria* car elle diffère seulement par l'enroulement hélicoïdal du trichome. Chez *Spirulina*, les trichomes sont régulièrement enroulés en hélice plus ou moins serrée et leurs cloisons sont plus ou moins visibles.

Sous genre Arthrospira

Le trichome est de grande taille et les cloisons sont bien marquées.

Cette micro algue change de forme en fonction des caractéristiques physiques et chimiques du milieu dans lequel on la trouve. Mais on remarque aussi que dans un même milieu on trouve des variétés des formes (Rich, 1931) in (Fox, 1999a). C'est peut être là l'origine de la confusion entre les termes *Spirulina* et *Arthrospira*.

Spiruline ou Arthrospira ?

En 1930, un botaniste allemand Geitler publiait une taxonomie des Cyanobactéries, dans laquelle il proposait de combiner toutes les espèces formées de filaments enroulés en hélice en un seul genre *Spirulina* (Geitler, 1932). Or Guglielmi, et al. (1993) in Durand-Chastel (1993) relèvent que Gomont (1892) avait défini deux genres séparés *Arthrospira* et *Spirulina* . Le même auteur ajoute qu'une analyse sérieuse des propriétés morphologique et phylogénétique de deux Cyanobactéries de collection cultivées à l'Institut Pasteur, remettait en question la décision taxonomique de Geitler. La « Spirulina » comestible (Ciferri, et al., 1993), la plus commune identifiée comme *Spirulina platensis* avait peu de caractère commun avec les autres espèces plus petites telle que *Spirulina major*. Cette raison conduit l'auteur à désigner de préférence *Spirulina platensis* en *Arthrospira platensis*.

En fait, dans la littérature, on trouve des confusions de termes tels que Spiruline, *Spirulina* et *Arthrospira*. Ces confusions proviennent des disparités entre la détermination scientifique et la dénomination commerciale de ces Cyanobactéries. En effet Antenna Technologie a proposé les définitions suivantes: **Spiruline** est le nom commercial d'une cyanobactérie alimentaire du genre *Arthrospira*. Alors que *Spirulina* est d'une part le nom commercial anglais d'une Cyanobactérie alimentaire du genre *Arthrospira*, d'autre part le nom scientifique d'un genre de Cyanobactérie assez éloigné d'*Arthrospira* comme *Spirulina subalsa*, *Spirulina major*, dont aucune n'a été testée scientifiquement sous l'angle de l'alimentation humaine. Enfin **Arthrospira** est le nom scientifique d'un genre de Cyanobactérie éloigné du genre *Spirulina* qui comprend l'ensemble des Cyanobactéries alimentaires vendues sous le nom de Spiruline (Spirulina en anglais).

Tomaselli (1997) in Palinska, et al. (1998) ont de même désigné *Arthrospira* sous la dénomination commerciale *Spirulina*. C'est actuellement le microorganisme photosynthétique le plus cultivé industriellement. Carlos Jiménez et al (2003) ont également souligné que si aujourd'hui le nom générique correct de plusieurs espèces et souches cultivées à des fins industrielles semble être *Arthrospira*, historiquement et commercialement le nom *Spirulina* est utilisé de façon universelle.

2.2.2 *Morphologie de la Spiruline*

La Spiruline a une longueur moyenne de 250 µm quand elle a 7 spires. Elle est composée de filaments mobiles (de 10 à 12 µm de diamètre) non ramifiés et enroulés en spirales, qui ressemble à un minuscule ressort à boudin, d'où le nom de «Spiruline» (Geitler, 1932). On trouve cependant des Spirulines ondulées et parfois droites (Figure 1).

Forme spiralée (type « Toliara »)

Forme spiralée (type « Lonar »)

Forme ondulée (type « Paracas »)

Forme droite (type « M2 »)

Figure 1 : Morphologies typiques de Spiruline

Source : Antenna Technologie modifiée

Ces différentes formes dépendent des conditions écologiques dans lesquelles vivent les Spirulines. Une étude (basée sur la caractérisation moléculaire de l'ITS [Internally Transcribed Space] de l'opéron ARN ribosomal) portant sur la diversité génétique de 51 souches d'*Arthrospira* provenant de 4 continents arrive à la conclusion que les génotypes sont très conservés et correspondent peut-être à une ou deux espèces génétiques (Wilmotte, et al., 2004). Cela laisse supposer que le nombre d'espèces du genre est réduit.

2.3 Les gisements naturels dans le monde

La présence d'un gisement naturel de Spiruline dans un lac ou une mare n'est pas due au hasard, mais aux différents facteurs climatiques et pédologiques qui rendent favorable le développement de ce microorganisme. Les milieux privilégiés sont alcalins et riches en nutriments azotés et phosphorés. Ils sont de plus bien éclairés et présentent une température élevée. De telles conditions se trouvent naturellement dans de nombreux sites répartis sur la ceinture intertropicale.

Le Tableau 1 représente des sites ayant des gisements naturels de Spiruline localisés dans différents pays du monde entier d'après R. Fox (Fox, 1999b).

Tableau 1 : **Sites de gisements naturels de Spiruline dans le monde selon R. FOX (1999)**

Pays d'Afrique	Sites
Algérie	Tamanrasset (E. Boileau, 1988)
Tchad	La région du Kanem : les lacs Latir, Ouna, Borkou, Katam, Yoan, Leyla, Bodou, Rombou, Moro, Mombolo, Liwa, Iseirom, Ounianga kebir
Soudan	Cratère du Djebel Marra
Djibouti	Lac Abber
Ethiopie	Lacs Aranguadi, Lesougouta, Nakourou, Chiltu, Navasha, Rodolphe
Congo	Moungounga
Kenya	Lac Nakuru, Elmenteita, Cratère, Natron
Tanzanie	Lac Natron
Tunisie	Lac Tunis (M. Belkir, 1978), Chott el Jerid (M. Belkir, 1997)
Zambie	Lac Bangweoudou
Madagascar	Beaucoup de petits lacs près de Toliara (Nguyen Kim Ngan, 1994)
Asie	
Inde	Lac Lonar (Damle, 1978), un réservoir près de Madurai (J. Bai, 1984), une réserve près de Calcutta (K. Biswas), Lac Nagpur (S. Pargaonkar, 1981)
Myanmar	Lacs Twyn Taung, Twyn Ma et Taung Pyank (Min Thein, 1984)
Sri Lanka	Lac Beira

Pakistan	Mares près de Mlahore (R. D. Fox, 1980 ; Ghose, 1924)
Thaïlande	Lacs d'effluents d'une usine de tapioca, province de Radburi, 80 km au S.O de Bankok (Marakot Tanticharoen, 1924)
Azerbaidjan	(Woronichin, 1924)
Amérique du sud	
Pérou	Lac Huacachina, près d'Ica, maintenant rempli d'eau douce, il ne contient plus de Spiruline. Lac Orovilca (R. Lopez, 1980), maintenant asséché. Lac Ventanilla, sur la côte près de Lima (M. Figueroa, 1987) : on en trouve plus actuellement. Réservoir d'eau près de Paracas (G. Planchon & R. Fuentes, 1993)
Mexique	Lac Texcoco (M. David, 1976), Lac Cratère (H. Durand-Chastel, 1990)
Uruguay	Montevideo, 1884, signalé par Arechavaleta in Wittrock & Nordstedt
Pérou	Trouvé en association avec *Cladophora* près de l'Ile d'Amantani dans le lac Titicaca (R.D. Fox, 1993), spécimen de *Cladophora* de Gilles Planchon & Rosario Fuentes
Equateur	Lac Quiliotoa : cratère de diamètre 1km (Yann Leroux, 1998)
Amérique du nord	
Californie	Oakland, Key Route Power House (N. L. Gardner, 1917), Del Mar Beach (R. A. Lewin, 1969) Un moulin à huile (Knutsen G., 1994)
Haïti	Lac Gonâve (M. Pierre, 1986)
République Dominicaine	Lac Enriquillo (H. Durand-Chastel, 1993)
Europe	
Hongrie	(J. Kiss, 1957)
France	Camargue (G. Plachon &R. Fuentes, 1994)
Autres sites possibles	

	Partout où vivent et se reproduisent le flamant nain, *Phoenoconaias minor*, en Afrique et en Asie, et le flamant de James, *Phoenicoparrus jamesi*, en Amérique du Sud (Ogilvie M. et C., 1986)
Ethiopie	Lac Abiata
Kenya	Lac Rodolphe, Lac Hannington
Tanzanie	Lac Manyara, Lac Rukua
Zambie	Lac Mweru
Botswana	Makgadikgadi Salt Pans
Namibie	Etosha Salt Pan
Afrique du Sud	Etat Libre d'Orange, près de Vaaldam
Bolivie	Lac Colorado, Pooppo, Challviri, Salar de Uyuni
Chili	Aguas Calientes, Lagunas Brava, Lac Vilama, Salar de Surire
Mauritanie	Côte Sud
Inde	Rann of Kutch, Gujarat
Madagascar	Côte Ouest

Les caractéristiques de ces sites naturels apparaissent en annexe 1.

2.4 La Spiruline et la malnutrition

C'est au début des années 60 que les études dans le but d'un développement commercial de Spirulines ont commencé. Elles avaient pour objectif principal d'aider à combattre la malnutrition dans le monde. La FAO constate que peu de pays ayant des ressources insuffisantes par rapport à leurs besoins alimentaires, peuvent satisfaire leurs besoins par des récoltes de nature conventionnelle (Goupille, 1985). D'où l'idée de se tourner vers des sources alimentaires non conventionnelles comme les algues et plus précisément les microalgues. Parmi elles la Spiruline a été considérée comme digne d'attention pour combattre la malnutrition car elle est très riche en éléments nutritifs tels que les protéines, vitamines et sels minéraux assimilables. S'ajoute à cela qu'elle pousse naturellement dans les pays chauds où prédomine la malnutrition et que sa production massive est techniquement relativement facile.

2.4.1 *Les causes de la malnutrition*

La malnutrition, état de santé qui résulte d'une mauvaise alimentation, a des causes multiples. Certains facteurs sont directement responsables de la malnutrition, d'autres, comme les maladies infectieuses, ne le sont qu'indirectement, mais l'accentuent.

Production ou consommation insuffisante

Les carences alimentaires peuvent être dues au manque de nourriture, à la mauvaise qualité des terres cultivables, à l'éloignement des terres par rapport au village, au manque de moyens de production, aux mauvaises conditions climatiques, à l'absence de transformation et de conservation des aliments, à la mauvaise organisation des circuits de distribution nutritionnelle et aussi à la pauvreté qui limite la consommation des aliments à prix élevé.

Facteurs socioculturels

Dans quelques pays, la valeur symbolique attachée à certaines ressources alimentaires interdit l'accès à celles-ci. Dans d'autres, les coutumes empêchent la consommation d'un certain nombre d'aliments pendant la période d'allaitement. Ces traditions réduisent la possibilité de varier le régime et entraîne un déséquilibre alimentaire.

Facteurs infectieux

Il y a interaction entre la maladie et la malnutrition au point que parfois il est difficile de savoir qui est à l'origine de ces phénomènes. Les maladies se déclarent facilement chez les jeunes enfants et ceux-ci y résistent d'autant moins biens qu'ils sont malnutris.

Les infections provoquent aussi la malnutrition car à ce stade, l'usure de l'organisme augmente les besoins en protéines, l'apparition de vomissements, des diarrhées, suite à des maladies comme la rougeole, la coqueluche ou des maladies broncho-pulmonaires.

2.4.2 *Les différentes formes de malnutrition*

Un enfant ne recevant pas suffisamment de nutriments dans son alimentation quotidienne est exposé à différentes formes de malnutrition.

Si le déficit porte principalement sur les apports en énergie et en protéines, on parle de malnutrition protéino-énergétique (MPE) ou protéino-calorique.

Si le déficit porte surtout sur le fer, on parle d'anémie nutritionnelle.

Si le déficit porte principalement sur la vitamine A, les manifestations de la carence portent le nom de xérophtalmie.

Parfois, l'enfant porte à la fois ces trois formes de malnutrition à des degrés divers.

Enchaînement des différents facteurs qui mènent à la MPE

La MPE résulte de l'interaction de plusieurs facteurs : 1/ Une alimentation insuffisante sur le plan quantitatif et inadaptée au besoin de l'enfant sur le plan qualitatif. 2/ Des infections répétées : diarrhée, infection respiratoire, rougeole. Ces infections créent un état de malnutrition car elles augmentent les besoins de l'enfant en protéine à cause de la fièvre et elles diminuent l'absorption digestive de nutriments (diarrhée). Il faut garder en mémoire qu'en moyenne un enfant né en Pays en Voie de Développement fait trois épisodes de fièvre ou de diarrhée chaque mois au cours de deux premières années (Dillon, 2000). L'insuffisance en apport énergétique est le facteur le plus fréquent de la malnutrition. Vient ensuite l'insuffisance en apports en protéines, en termes de quantité mais aussi de qualité (par défaut de certains acides aminés dits essentiels).

A ce déficit en énergie et en protéine s'ajoutent souvent des carences en fer, en vitamine A et en vitamine du groupe B. La conjonction de ces différents facteurs entraîne des perturbations de fonctionnement des organes et un ralentissement de la croissance que l'on désigne communément sous le nom de malnutrition protéino-énergétique.

C'est à l'âge préscolaire de 2 - 5 ans que la malnutrition est la plus marquée par les raisons suivantes :

1° Les besoins en nutriments de ces enfants (en tenant compte de leur poids) sont très élevés comparé à ceux d'enfants plus âgés.

2° Les bouillies traditionnelles qui leur sont proposées (à base de manioc, de riz) ne sont pas suffisamment « nourrissantes ». Elles apportent une densité calorique trop faible compte tenu du volume de l'estomac de l'enfant.

Les besoins en protéines sont de l'ordre de 20 g j^{-1} entre 6 mois et 3 ans. L'apport du lait maternel (800 ml) n'est que de 8 g de protéines par jour (Dillon, 2000). La bouillie de sevrage devra donc combler les 12 g de protéines qui font défaut. Dans l'idéal la composition en acides aminés de ces protéines complémentaires devrait être identique à celle du lait maternel, c'est à dire contenir la même proportion de 9 acides essentiels. Les protéines des laits animaux (vaches chèvres …) et celles de la viande ou de l'œuf ont une composition en acides aminés essentiels très proches de celle du lait maternel (Dillon, 2000). Malheureusement ces sources de protéines coûtent cher et ne sont pas à la portée des familles démunies donc indisponibles pour les enfants malnutris.

3° L'enfant à cet âge commence son exploration du monde : il entre en contact avec des personnes étrangères ; de ce fait, il est de plus en plus exposé à des sources d'infections contre lesquelles il ne dispose pas encore de protection immunitaire. D'où la fréquence des épisodes de diarrhée, de fièvre. A chaque épisode infectieux, il perd l'appétit, réduit sa prise alimentaire qui est déjà insuffisante en temps normal.

Si rien n'est fait pour stopper cette dégradation, le marasme ou kwashiorkor va apparaître.

Le marasme et kwashiorkor

On estime que 20 millions d'enfants de moins de 5 ans dans le monde sont atteints de la malnutrition aiguë sous forme de kwashiorkor ou de marasme (Dillon, 2000). Il s'agit surtout d'enfants âgés de un an (après sevrage) à 5 ans.

Le marasme est la forme la plus commune de la malnutrition grave. L'enfant semble n'avoir que la peau et les os. La fonte musculaire est évidente, la graisse sous cutanée a disparu. Cet aspect du marasme est le résultat d'épisodes répétés de diarrhées et autres infections, d'un allaitement maternel trop prolongé sans alimentation complémentaire adéquate, globalement d'un apport insuffisant en calorie et en protéines.

La kwashiorkor est moins fréquente et s'observe chez les enfants dont l'alimentation est particulièrement déficitaire en protéines. L'enfant atteint de kwashiorkor présente des signes physiques et des troubles de comportements.

Les signes physiques sont : un visage bouffi et pâle, des oedèmes aux membres inférieurs et supérieurs avec des lésions de la peau, des cheveux clairsemés, roux et cassants, un ventre ballonné, parfois des lésions oculaires.

Les troubles du comportement sont un aspect grognon et un manque d'intérêt pour l'entourage : l'enfant ne joue plus et peut rester assis ou couché pendant des heures, il n'a plus d'appétit et s'alimente difficilement. En plus de ces signes, l'enfant souffrant de kwashiorkor a la diarrhée et fait souvent des infections pulmonaires et cutanées. Il est fréquemment anémié et présente des carences en oligo-éléments tels que la vitamine A et le zinc. Son refus de s'alimenter est donc contraire à ses besoins accrus en nutriments. C'est pourquoi l'agent de nutrition seul ne peut le traiter efficacement et il faut aussi la participation d'un agent de santé.

2.4.3 *Divers essais de culture de Spiruline pour lutter contre la malnutrition dans le monde.*

L'ACMA (Association pour Combattre la Malnutrition par l'Algoculture), fondée en 1971 par le trio Ripley D. FOX, sa femme Denise FOX et Jean Paul JOURDAN, a lancé des projets d'installation de petites fermes de Spiruline à but humanitaire dans différents pays en voie de développement. En réponse aux demandes d'organismes locaux ou d'agences gouvernementales, elle est intervenue dans la recherche de financements, de consultants techniques pour tout le système d'exploitation, de fournitures de souches vivantes de Spiruline mais aussi dans la formation de personnel sur le terrain. Le laboratoire de la Roquette (France, 34) où a siégé l'association ACMA, a démarré en 1969 et, a été le support des recherches de systèmes de culture de Spiruline mis en application dans le monde entier par l'association. Si la plupart des projets lancés par ACMA n'ont pas donné les résultats espérés, pour des raisons d'incompatibilité socio culturelle, ils ont laissé des traces dans divers pays. Jusqu'à aujourd'hui, des bonnes volontés ont continué à cultiver et utiliser ces microalgues à des fins humanitaires.

Il existe actuellement de nombreux projets de culture de Spiruline pour lutter contre la malnutrition, financés entièrement ou en partie par des organisations non gouvernementales (ONG). Un panorama de ces projets et un récapitulatif des actions menées dans ce domaine ont été dressés à l'occasion de deux récents colloques internationaux :« La production artisanale de Spiruline » organisé les 26-28 Juin 2002 à Mialet (Gard. France), par Jean-Paul Jourdan et « les Cyanobactéries pour la santé, la Science et le Développement » organisé les 3-6 Mai 2004 à l'île des Embiez (Var. France) par Loïc Charpy (Institut de Recherche pour le Développement) et Nardo Vicente (Institut Océanographique Paul Ricard).

Les principales caractéristiques de ces projets apparaissent dans le Tableau 2 et des informations supplémentaires sont données en annexe 2.

Tableau 2 : Projets de culture artisanale de Spiruline dans le monde

NC=Non Communiquée						
Pays	Ferme	Début	Soutien	Surface du bassin	Type bassin	Agitation
Burkina Fasso	Koudougou	2000	CODEGAZ Diocèse Koudougou	750 m²	NC	NC
	Lumbila	NC	Atenna Technologie Eau Vive	4x10 m² 12x60 m²	NC	NC
	Nanoro	1996	Père Camilien	1x9 m² 1x10 m²	NC	NC
Sénégal	Bambey		CNRA Assoc. Educ Santé	4x50 m²	ciment	pompe
Bénin	Dagouvon	1993	EMMAUS ONG Technap CODEPHI	1x4 m² 3x8 m² 1x5 m²	Bois et ciment	manuelle

Pays	Ferme	Début	Soutien	Surface du bassin	Type bassin	Agitation
NC=Non Communiquée						
Bénin	Pahou	1998	Projet UPS CREDESA ONG Technap et GERES	$8 \times 250 \text{ m}^2$ 15 m^2 $12,5 \text{ m}^2$	Bois parpaing	NC
Bénin	Pahou	2001	CREDESA, Technap	260 m^2 500 m^2	NC	NC
Centre Afrique	Bangui	NC	ONG Idées Bleues OMS	140 m^2	Sous toiture	Energie photovol taïque
Centre Afrique	Bangui	NC	Projet Kénose Antenna	100 m^2	NC	NC
Centre Afrique	Bangui	NC	COPAP Nutrition Santé Bangui dispensaire	150 m^2	NC	NC
Niger	Puits Bermo	NC	Association Tibériade Mission catholique	$2 \times 15 \text{ m}^2$	béton	Centrale solaire
Niger	Agharous	2001	ADDS ONG Targuinca Technap	$3 \times 15 \text{ m}^2$	béton	manuelle
Niger	Niamey		CODEGAZ Evêché BALD	200 m^2	NC	NC
Madagascar	Morondava	2001	ONG Codegaz diocèse	$1 \times 3 \text{ m}^2$ $1 \times 12 \text{ m}^2$	béton	pompe
Madagascar	Toliara	2002	ONG Antenna Fondation alphabétisation	40 m^2 $6 \times 10 \text{ m}^2$	Béton sous toiture	pompe
Inde	Auroville Simplicity Spirulina Farm	1990	Centre de Santé local	$10 \times 30 \text{ m}^2$	NC	manuelle

NC=Non Communiquée						
Pays	Ferme	Déb ut	Soutien	Surface du bassin	Type bassin	Agitation
Inde	Madurai	NC	NC	180 (18x20) m^2 150 m^2	NC	NC
Gabon	Port Gentil	2003	Technap, CODEGAZ TOTAL/ELF	10 m^2	NC	NC
Togo	Dapaong	NC	Gaz de France CODEGAZ	54 m^2	NC	NC
Togo	Agou Nyogbo	2003	SVP Liber'Terre	10 m^2	NC	NC
Mali	Tacharame	2002	Liber'Terre	3x3 m^2	NC	NC
Mali	Safo		Antenna Technologie	250 m^2	NC	NC

Tableau 2 (suite): Projets de culture artisanale de Spiruline dans le monde

NC=Non Communiquée						
Pays	Type de consom mation	Prod. actuelle	Distribu tion	Prix de vente	Autonomi e financière	Remarques
Burkina Fasso (Koudougou)	NC	3,2gm^{-2} j^{-1}	70% com 30% hum	23-26 com 12-20 € hum	oui	
Burkina Fasso (Lumbila)	NC	NC	NC	NC	NC	Revitalisation d'un projet ancien
Burkina Fasso (Nanoro)	NC	NC	NC	NC	NC	Remis en route d'une installation démarrée en 1996
Sénégal	NC	10g$m^{-2}j^{-1}$	NC	NC	NC	
Bénin (Dagouvon)	fraîche		100% hum Nutrition & santé	NC	NC	

28

NC=Non Communiquée						
Pays	Type de consom mation	Prod. actuelle	Distribu tion	Prix de vente	Autonomi e financière	Remarques
Bénin (Pahou)	NC	410kg j^{-1}		NC	NC	Gros problèmes de maladie, inondations, coût élevé Souche paracas
Bénin (Pahou)	NC	NC	NC	NC	NC	
Centre Afrique (Bangui)	NC	4 g j^{-1}m^{-2}	100% hum	NC	NC	
Centre Afrique (Bangui)	NC	10-12 kg mois^{-1}	NC	NC	NC	
Centre Afrique (Bangui)	NC	NC	100% hum	NC	NC	
Niger (Puits Bermo)	NC	410 kg an^{-1}	100% hum	NC	Oui	Pb. étanchéité
Niger (Agharous)	sèche	9 g m^{-2}j^{-1}	100% hum	NC	NC	Souche paracas
Niger (Niamey)	NC	NC	NC	NC	NC	
Madagascar (Morondava)	NC	10gm^{-2}j^{-1}	NC	NC	NC	Souche paracas
Madagascar (Toliara)	sèche	6g m^{-2}j^{-1}	% hum % com	10-50 €	oui	Souches locales En évolution 4*20 m^2
Inde (Auroville Simplicity Spirulina Farm)	fraîche	6,7gm^{-2} j^{-1} 450 kg an^{-1}	% hum % com	20$	NC	Emploie 8 personnes intouchables 1g j^{-1} pour 1370 personnes an^{-1}

NC=Non Communiquée						
Pays	Type de consom mation	Prod. actuelle	Distribu tion	Prix de vente	Autonomi e financière	Remarques
Inde (Madurai)	NC	100 kg par mois	10% santé 60% nutritio n 30% com	50,20 $ de revient	90%	Gestion par communautés villageoises
Gabon	NC	NC	NC	NC	NC	
Togo (Dapaong)	NC	NC	NC	NC	NC	
Togo (Agou Nyogbo)	NC	NC	NC	NC	NC	
Mali (Tacharame)	NC	NC	NC	NC	NC	
Mali (Sefo)	NC	NC	NC	NC	NC	

Des informations supplémentaires sont données en annexe 2.

2.5 Les cultures industrielles de Spirulines

La Spiruline commence à être connue pour ses qualités diététiques, la demande au niveau mondial augmente de plus en plus, aussi la culture évolue-t-elle de l'échelle locale à l'échelle industrielle. Des installations de cultures industrielles de Spiruline se présentant sous la forme de fermes commerciales de taille significative ont été installées et produiraient au total environ 720 tonnes de poudre séchée par an (Goupille, 1985). Ces fermes se situent pour la plupart dans des latitudes entre 14 et 33° N.

2.5.1 *Système de production industrielle*

Le système industriel de culture de Spiruline se présente comme le système artisanal mais la différence est l'ordre de grandeur de l'investissement, la surface des bassins de culture, le tonnage des produits obtenus, la modernisation des matériels et les techniques de production utilisées. La plupart utilisent des systèmes informatisés contrôlant automatiquement la production.

En bref, une culture industrielle doit mettre en place un laboratoire de contrôle de culture équipé de personnels qualifiés et des matériels d'analyse bactériologique pour assurer le contrôle de la qualité sanitaire du produit Figure 2 (A).

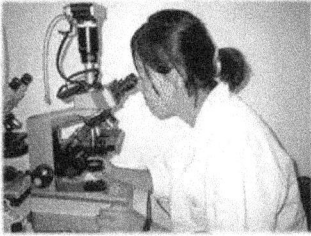 

A   B

Figure 2 : Contrôle journalier de la culture (A) (source : Henrikson, 1997), roue à aube (B) (source : Ayala, 2004)

La culture est pratiquée dans des bassins de grande surface (hectares) souvent de forme rectangulaire munis d'une séparation médiane, couverts Figure 3 (A) pendant la saison froide pour conserver la chaleur durant la nuit ou à ciel ouvert Figure 3 (B) en saison chaude avec une partie ombragée pour contrôler l'intensité de la lumière. Les bassins sont agités par des roues à aubes Figure 2 (B) de 6 m de long pour une surface de 2000 m^2.

A   B

Figure 3 : Bassins couverts (source : Ayala, 2004) et à ciel ouvert (source : Li, 2004) de culture industrielle de Spiruline

La récolte se fait soit dans une salle spéciale Figure 4 (A) soit directement sur le bassin de culture à l'aide d'un filtre horizontal Figure 4 (B). Dans le premier cas, .on passe par un système de pré concentration : l'opération consiste à envoyer la suspension de Spiruline sur un filtre en plan incliné et à recueillir une suspension très concentrée à la base ; la filtration proprement dite est effectuée avec un filtre conventionnel ou avec un filtre horizontal muni d'un vide partiel.

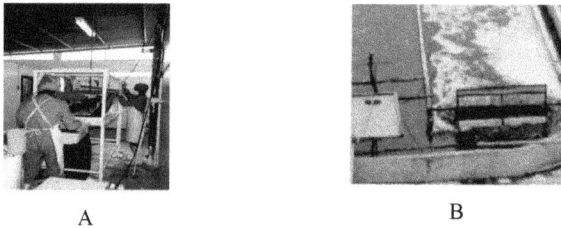

A   B

Figure 4 : Récolte de Spiruline en salle après pré concentration (A) et récolte directe sur le bassin de culture (B) (Source : Ayala, 2004)

Les Spirulines sont lavées sur le filtre afin d'éliminer les sels minéraux du milieu de culture.

La biomasse humide est ensuite séchée d'une manière classique par des rouleaux chauffants, par atomisation ou à l'aide d'un «spray dryer» Figure 5 (A). Cette dernière technique consiste à pulvériser la pâte de Spiruline dans une chambre de séchage. L'eau s'évapore très vite et la poudre de

Spiruline sèche est exposée à la chaleur pendant plusieurs secondes jusqu'au moment où elle tombe au fond de l'appareil. La biomasse sèche est ensuite collectée par un aspirateur et envoyée dans la chambre d'emballage Figure 5 (B) où s'effectuent le conditionnement et le stockage.

A   B

Figure 5 : Séchoir « spray dryer » (A). Emballage (B)

Sur le marché, la Spiruline est présentée sous forme de comprimés ou de gélules. Elle est stockée dans des bouteilles en verre ou en plastique Figure 6 (B) ou bien dans des récipients inoxydables Figure 6 (A). L'embouteillage est assuré automatiquement par une machine de haute technologie.

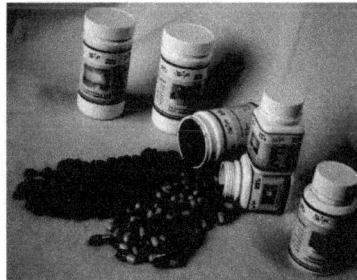

A   B

Figure 6 : Stockage de la Spiruline dans des récipients inoxydables (A) ou des bouteilles plastiques (B) sous forme de comprimés ou gélules.

2.5.2 *Les sites de production industrielle*

Plusieurs sites de production industrielle sont implantés dans le monde, principalement en Amérique et Asie (Tableau 3). Des informations complémentaires apparaissent en annexe 3.

Tableau 3 : Sites de production industrielle de Spiruline dans le monde

Non communiqué = NC				
Pays	Ferme	Début	Propriétaire	Surf. bassin
USA Californie	Earthrise Farms	1983	Dai Nippon Ink Corporation	20 ha (bassins (5000 m^2) + ensemencement
Israël	EinYahav Algae	NC	NC	NC
Japon île de Miyako	Japan Spirulina Company	NC	NC	NC
USA Hawaï	Cyanotech Corporation	1996	NC	12 ha (bassins 3000 m²)
Taiwan	Nan Pao Chemicals Co, Ltd	NC	NC	6 ha
Taiwan	Blue Continent Co	NC	NC	3 ha
Taiwan	Tung Hai Chlorella Co	NC	NC	3 ha
Taiwan	Far East Microalgae	NC	NC	NC
Chine	NC	NC	NC	46 ha (plus large surface de culture)
Thailand	Siam Algae Company	1979	Sumitomo du Japon	2 ha
Mexique	Sosa Texcoco	1976	NC	Plus de 24 ha
Equateur	Région de Quito	1999	Biorigine, Compagnie Suisse	NC
Chili	Solarium Biotechnology S. A.	1991	Solarium	NC
Inde	NC	NC	Parry Nutraceuticals Ltd	120 acres

Tableau 3 (suite): Sites de production industrielle de Spiruline dans le monde

Non communiqué = NC			
Pays	Agitation	Production annuelle	Remarques
USA Californie	Roue à aube	450	En 1996, Earthrise devient le plus gros producteur mondial de Spiruline
Israël	NC	NC	
Japon île de Miyako	NC	NC	
USA Hawaï	Roue à aube	360	La récolte se fait avec des filtres vibrants et séchage par des séchoirs à atomisation
Taiwan	NC		
Taiwan	NC	80 t an^{-1}	
Taiwan	NC		
Taiwan	NC	NC	
Chine	NC	1500 t an^{-1} (meilleure production)	A partir de 1990 : développement rapide d'industrie de Spiruline grâce à la stratégie du gouvernement mettant la Spiruline en priorité, 80 usines de production
Thailand	NC	100 t an^{-1}	Les produits sont importés au Japon
Mexique	NC	300 t an^{-1}	Sosa n'existe plus actuellement
Equateur	NC	NC	Conditionnement sous forme de micro granule facile à utiliser
Chili	NC	20	Conditionné sous forme de poudre, tablettes et gélules
Inde	Roue à aube	175 MT an^{-1}	Conditionné sous forme de poudre, comprimés et gélule

Des informations complémentaires apparaissent en annexe 3.

Cependant cette approche technologique est onéreuse, consommatrice d'énergie, est d'un coût prohibitif pour beaucoup de pays du Tiers Monde. C'est la raison pour laquelle des études ont été faites pour mettre au point des systèmes de culture à moindre coût réalisable à l'échelle villageoise.

3 La culture de Spiruline en eau de mer

3.1 Contexte

Le Sud de Madagascar est la zone la plus sèche de l'île. En effet, une partie de cette zone est périodiquement soumise à la sécheresse. L'eau douce est difficilement accessible et coûte relativement cher compte tenu du pouvoir d'achat de la population locale.

La malnutrition prédomine. D'après Ravelo (Ravelo, 2001), plus de la moitié de la population rurale, soit 90 % de la population totale dans l'ex-province de Toliara, est touchée par la malnutrition. Le rapport semestriel de SEECALINE de l'année 2003 confirme que plus de la moitié des ex-sous-préfectures (13 sur 21) de l'ex-province sont touchées par ce fléau (SEECALINE, 2003). A cela s'ajoute une vraie famine, pendant la période de la sécheresse.

Or cette région est la seule de la grande île où l'on a pu observer des mares et des lacs à Spiruline. Dans ces milieux naturels alcalins, riches en bicarbonate où pousse la Spiruline, la salinité peut atteindre 70 g l^{-1}. Cette région est aussi une zone côtière qui a un large accès à la mer.

Figure 7 : Carte de la zone et photos du lac à Spiruline de Belalanda
Source : (Ravelo, 2001) et photo de Loîc CHARPY en 2001

Des recherches faites par ailleurs sur la culture en milieu marin d'autres souches de Spiruline ont donné des résultats encourageants :

En 1974, Clement, Rebeller (1974) ont réussi à adapter une souche au milieu marin. Leurs essais ont montré qu'un enrichissement de l'eau de mer en nitrate, phosphate, fer et oligo-éléments pouvait être pratiqué et qu'il était préférable d'effectuer les cultures à un pH < 8,1 afin d'éviter la précipitation d'alcalino-terreux et de garder ainsi une concentration en ions bicarbonate compatible avec des conditions de culture accélérée. Cependant, en utilisant l'eau de mer comme milieu de culture de base, ils ont trouvé une vitesse de croissance de *Spirulina platensis* inférieure à celle cultivée en milieu bicarbonaté.

Faucher, et al. (1979) ont proposé un milieu de culture basé sur l'eau de mer enrichie avec de l'urée. L'eau mer était traitée pendant 2 h avec 19,2 g

37

l^{-1} de NaHCO$_3$, avec un pH de 9,2 à une température de 35°C puis filtrée pour enlever les précipités et enfin enrichie avec 0,5 g l^{-1} K$_2$HPO$_4$, 3 g l^{-1} NaNO$_3$ et 0,01 g l^{-1} FeSO$_4$. Ils ont observé que ce milieu de culture était comparable aux meilleurs milieux synthétiques rapportés dans la littérature. Tredici, et al. (1986) ont expérimenté pendant une année la culture de Spiruline en eau de mer enrichie en ajoutant de l'urée comme source d'azote. La production calculée en poids sec a été de 7,35 g m^{-2} j^{-1}, bien supérieure à celle de l'eau de mer enrichie en nitrate qui était de 5,2gm^{-2}j^{-1}. D'autre par les effets saisonniers apparaissent plus sensibles lorsque l'on choisit le nitrate comme source d'azote.

Dans une étude intitulée « Large-scale cultivation of Spirulina in seawater based culture medium » (culture à grande échelle de Spiruline en milieu de culture basé sur l'eau de mer), Wu, et al. (1993) ont conclu à la faisabilité de la culture en eau de mer à grande échelle et à son intérêt : baisse du coût par rapport à la culture en eau douce ; récolte plus importante (10,3 g m^{-2} j^{-1} en moyenne sur 84 jours de production dans des bassins de 3 000 m^2 dans la province subtropicale de Huilai en Chine) ; récolte de meilleure qualité en comparaison avec celles de la littérature (autres expériences en Chine, en Inde, au Mexique).

Des études sur l'influence de la salinité sur la croissance ont été réalisées, donnant des indications sur les conditions optimales de croissance en milieu salé. Ainsi pour Zeng et Vonshak, (Zeng, A., 1998), le taux de croissance avec ajout de NaCl diminue. Ils ont constaté aussi que sous une faible densité de flux de photon PFD (100 µmol m^{-2} s^{-2}) *Spirulina platensis* s'adapte significativement bien au stress de salinité qu'en haute PFD (200µmol m^{-2} s^{-2}), autrement dire l'effet de stress de salinité est plus puissant pour les cellules soumises à une haute PFD que celles sous une faible PFD. Quant à Zotina, et al. (2000) ils ont conclu à ce qu'un ajout au milieu de culture de 1-30 g l^{-1} NaCl n'avait quasiment aucun effet significatif sur la croissance ni sur la composition chimique de la biomasse obtenue.

L'objectif de notre étude est de mettre au point un protocole de culture à base d'eau de mer enrichie, permettant une production comparable à celle obtenue avec les milieux de culture classique (à base d'eau douce enrichie), en optimisant les traitements et les coûts, pour un transfert ultérieur vers les communautés villageoises.

3.2 Données climatiques de Toliara durant la période d'étude

Les données climatiques utilisées sont celles enregistrées pour la région, du service de la station météorologique de Toliara. Cette station est installée à 6 km du site d'étude.

L'histogramme ci-dessous (Figure 8) représente les variations des précipitations de la région pendant la période d'étude. On constate une augmentation générale des précipitations : de 1047 mm en 2001 à 2350mm en 2003. L'année 2001 est caractérisée par de faibles précipitations mensuelles qui se répartissent pendant presque toute l'année ; 2002 est marquée par de fortes précipitations en début d'année (janvier et février) suivies de très faibles chutes de pluie, parfois inexistantes les mois suivants ; 2003 est marquée par d'abondantes précipitations pendant les 4 mois de janvier en avril, plus faibles le reste du temps.

La période la plus sèche couvre 9 mois de l'année, particulièrement d'avril en novembre. Les mois de janvier et février sont les plus arrosés.

La température moyenne annuelle de l'air dans la région est environ de 24°C au cours des deux dernières décennies, avec des températures maximales et minimales respectivement de 37°C au mois de janvier et de 11°C au mois de juin (Ravelo, 2001).

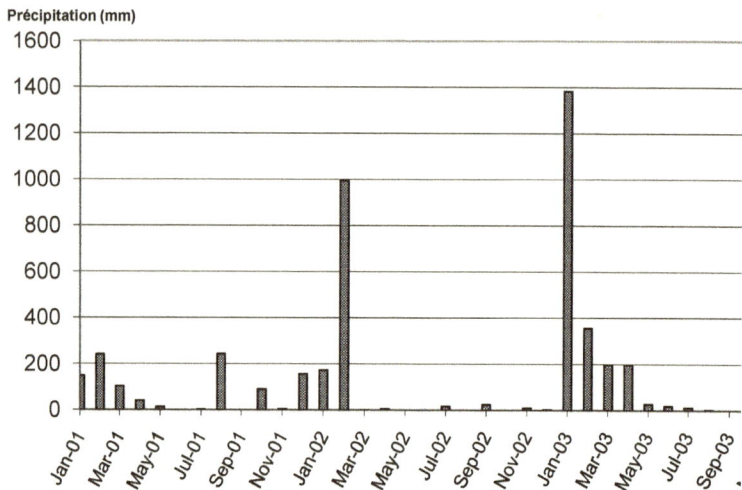

Figure 8 : Précipitations moyennes mensuelles (en mm) de Toliara de janvier 2001 au novembre 2003

Les courbes Figures 9 (A) montrent que les mois les plus chauds (décembre et mars) correspondent aux mois les plus arrosés et inversement les mois les plus frais se situent en période sèche.

Pendant la période d'étude la température moyenne annuelle de l'air dans la région de Toliara était de 25 ±0,5°C. La température minimale enregistrée était de 21°C au mois de juin alors que la maximale était de 29°C au mois de décembre.

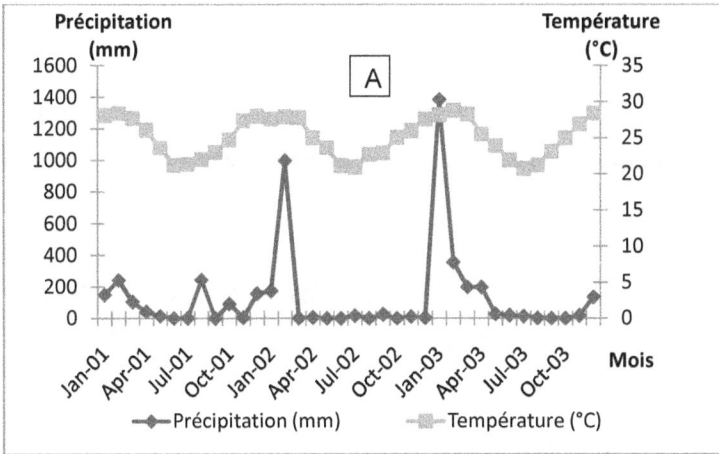

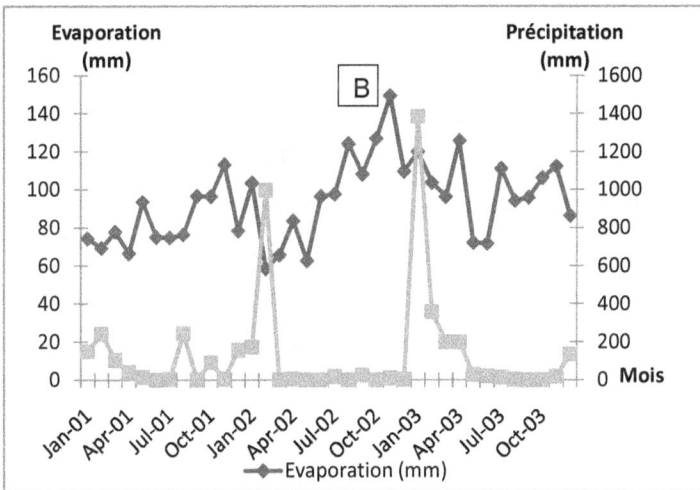

Figures 9 : Variations de l'évaporation et de la précipitation (A) et courbes ombrothermiques (B) dans la région de Toliara de janvier 2001 au novembre 2004

Le maximum d'évaporation à Toliara se situe en novembre Figure 9 (B), qui correspond à la fin de la saison sèche, alors que le minimum est atteint en février pendant la saison des pluies. Sur une période de 3 ans, l'évaporation totale est de 3372 mm et le cumul des précipitations est de 4628 mm : 5,5% des précipitations ne sont donc pas reprises par l'évaporation, phénomène indiquant une région sèche.

Ces données météos montrent que Toliara est une région sèche et chaude avec une courte période de pluie et un ensoleillement prolongé dans l'année. Ces caractéristiques météorologiques sont favorables au développement de la Spiruline.

3.3 Méthodologie

3.3.1 *Mesure de la biomasse des Spirulines.*

La biomasse des Spirulines dans les flacons ou bassins d'aquaculture est estimée à partir de plusieurs méthodes.

Les différentes méthodes

Le disque de Secchi :

C'est un dispositif simple permettant d'estimer rapidement la densité des cellules cultivées en milieu aquatique. Il est constitué d'une règle graduée centimétrique de 30cm de long, munie d'un disque blanc de 5cm de diamètre à l'extrémité inférieure, au point zéro. On note la profondeur, en centimètres, à partir de laquelle on ne peut plus distinguer le disque une fois plongé dans le milieu.

Les comptages au microscope :

Cette méthode est coûteuse en temps, mais elle permet de compter le nombre de filaments et le nombre de spires par filament. A l'aide d'une pipette calibrée, on dépose une goutte d'échantillon sur une lame creuse pour l'observation au microscope, on évalue le nombre de filaments dans une goutte, sachant que 17 gouttes de notre pipette représentent un volume de 1 ml. Si la culture est très concentrée, on dilue l'échantillon. Le nombre moyen de spires est calculé sur 30 filaments pris au hasard.

La densité optique à 665 nm :

Cette méthode permet d'estimer rapidement la biomasse des Spirulines en utilisant l'absorption à 665 nm, qui est une des longueurs d'onde d'absorbance de la chlorophylle. Cette absorbance in vivo est généralement bien corrélée à la concentration en chlorophylle. On utilise un spectrophotomètre équipé d'une cuve à faces parallèles de 25 cl. Le zéro est fait sur du milieu de culture non ensemencé.

Le poids humide et le poids sec de Spiruline :

Cinquante à deux cents millilitres sont prélevés et filtrés sous vide à travers un disque de nylon de 30 µm de taille de maille prépesé. Une balance de précision (0,001 g) est utilisée pour mesurer le poids humide et, après séchage pendant 24h à la température de 60°C, le poids sec.

Comparaison entre ces méthodes

Pour tester la validité de ces méthodes, nous les avons utilisées conjointement et nous avons calculé le coefficient de corrélation entre les différentes méthodes d'estimation de la biomasse.

D'après le tableau 4 ci-dessous, on constate une très forte corrélation entre le poids sec et le disque de Secchi ($R^2 = 0,98$) ainsi qu'avec le nombre de spires ou de filaments par ml ($R^2 = 0,94$). Le disque de Secchi, le poids sec et les comptages sont donc des paramètres tout à fait fiables pour estimer la biomasse en Spiruline.

Tableau 4: Coefficient de détermination (R^2) entre les différents estimateurs de la biomasse mesurés sur une culture de la Spiruline Paracas en décembre 2003.

x \ y	Secchi	Filaments ml^{-1}	Spires ml^{-1}	Poids sec
Secchi	1	$R^2 = 0,75$ (n = 8)	$R^2 = 0,80$ (n = 8)	**$R^2 = 0,98$** **(n = 7)**
Filament ml^{-1}	$R^2 = 0,75$ (n = 8)	1	$R^2 = 0,96$	**$R^2 = 0,94$** **(n = 7)**
Spires ml^{-1}	$R^2 = 0,80$ (n = 8)	$R^2 = 0,96$ (n=8)	1	**$R^2 = 0,94$** **(n = 7)**
Poids sec	**$R^2 = 0,98$** **(n = 7)**	**$R^2 = 0,94$** **(n = 7)**	**$R^2 = 0,94$** **(n = 7)**	1

3.3.2 *Suivi de la qualité du milieu de culture*

- Le pH et la température de l'eau sont suivis avec un pH mètre portable WTW série 320 muni d'une électrode combinée,
- La salinité est mesurée à l'aide d'un réfractomètre portable spécial pour l'eau de mer (DIGIT – 100 ATC).

3.3.3 *Préparations des milieux de culture*

En eau douce

L'eau douce provenant du réseau de distribution de la ville est enrichie avec des éléments nutritifs selon la formule de Jean-Paul Jourdan (Jourdan 1999) modifiée comme suit :

- Bicarbonate de soude (8 g l^{-1}),
- Sel de mer (4, 5 g l^{-1}),
- Urée (0,02 g l^{-1}),
- Phosphate disodique (0,1 g l^{-1}) en 2002 et phosphate monoammonique (0,1 g l^{-1}) en 2003-2004.

- Sulfate de potassium (1 g l^{-1}),
- Sulfate de fer (0,005 g l^{-1})
- Sulfate de magnésium (0,2 g l^{-1}.

Nous appellerons ce milieu : EDE (Eau Douce Enrichie)

En eau de mer

L'eau de mer est préalablement traitée pour éliminer un maximum de macro et micro-organismes. Soit par filtration sur une toile de 30 µm puis addition de 0,5 ml d'eau de javel par litre, soit par filtration sur un filtre à sable et irradiation aux U.V.

L'eau de mer est en général pauvre en phosphores, en azote et en fer, éléments considérés comme limitant de la production phytoplanctonique dans les conditions naturelles. Par contre elle est riche en calcium et magnésium, éléments qui gênent la croissance de la Spiruline (Clement, Rebeller, 1974). Nous avons donc dû traiter l'eau de mer pour éliminer le Ca et le Mg avant de l'enrichir en nutriments.

Le traitement consiste à ajouter 11 g l^{-1} de carbonate de soude et 1 g l^{-1} de bicarbonate de soude pour précipiter le Ca et le Mg. Après 12 h de décantation, l'eau surnageante est siphonnée, puis enrichie avec

- de l'azote (0,02 g l^{-1} d'urée),
- du phosphore (0,5 g l^{-1} de phosphate monoammonique)
- et du fer (0,009 g l^{-1} de sulfate de fer).

Le milieu ainsi obtenu est dénommé EMTE

3.3.4 *Les souches de Spiruline utilisées*

J'ai utilisé la souche locale isolée dans la région de Toliara et deux souches de « Paracas » provenant l'une de l'exploitation de Philippe Calamand (France) et l'autre isolée récemment de la zone de Paracas (Pérou).

La souche locale

La souche de Toliara a été découverte en 1994 par le Dr Kim Nguen Ngan, dans les lacs Belalanda et Ankoronga situés au Sud Ouest de Madagascar. Elle a été déterminée par Ripley Fox comme étant *Spirulina platensis* variété Toliara (Fox, 1999). En général cette souche, caractérisée par un filament enroulé en hélices régulières, ne présente aucun resserrement ni au milieu ni à ses extrémités. Le diamètre des spires est environ de 21,2 µm, la longueur de 32,5 µm. Les cellules, de diamètre de 7,2 µm et de longueur 3,8 µm, sont faiblement rétrécies au niveau de parois de séparation (Fox, 1999).

Sa forme générale dans le milieu saumâtre naturel est caractérisée par des filaments ou trichomes enroulés régulièrement sans resserrement à l'extrémité ni au milieu. Parfois l'enroulement est légèrement resserré aux extrémités Figure 10 (A).

La forme de la Spiruline varie en fonction du caractère physique et chimique du milieu environnant dans lequel vit la Spiruline. Cultivée en milieu d'eau de mer, cette souche présente des modifications morphologiques dont la plus marquée est le desserrement de spires de filaments Figure 10 (B). Kebede (1997) a constaté dans son expérience « Response of *Spirulina platensis* from Lake Chitu, Ethiopia, to salinity stress from sodium salt » des variations morphologiques de la Spiruline dues à l'augmentation de la salinité. L'auteur a remarqué aussi que l'allongement par desserrement de spires d'un filament était différent selon le sel de sodium utilisé. Le degré de « dé-spiralisation » est très important lorsque le milieu est riche en $NaSO_4$, moyen en $NaCl$ et moins important en $NaHCO_3$.

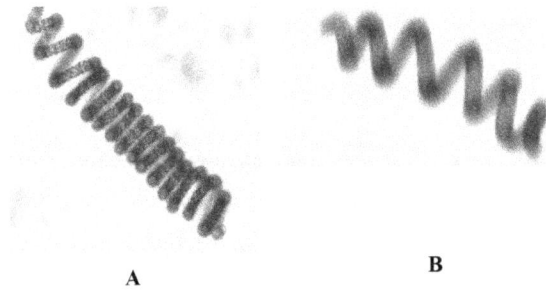

A **B**

Figure 10 : Morphologie de la Spiruline souche de Toliara cultivée en milieu saumâtre (A) et en eau de mer (B)

Pour Busson (1971), ces modifications peuvent être provoquées par des facteurs connus ou bien intervenir spontanément sous l'influence de facteurs inconnus. L'auteur a constaté qu'une température trop élevée provoque un resserrement des spires, une carence en K un élargissement de leur diamètre, des carences en P et S un élargissement de diamètre accompagné d'un allongement des individus, enfin une carence en Ca une tendance au gigantisme.

Malgré ces modifications morphologiques, on observe rarement la forme droite non spiralée. Ceci rassure sur le risque de confusion avec l'espèce d'algue du genre *Oscillatoria* dont il existe des variétés toxiques. Pendant la récolte, la filtration est facile et on obtient une biomasse bien décollée au filet. C'est à dire, à la fin de filtration, la pâte épaisse de Spiruline retenue à la surface du filtre décolle par simple manipulation de ce dernier sans passer au grattage.

La Paracas :

La souche « Paracas » a été découverte par G. Planchon et R. Fuentes en 1993 dans le réservoir d'eau près de Paracas au Pérou.

Elle est synonyme de *Spirulina geitleri*, J. de Toni (Toni, 1936), synonyme *d'Arthrospira maxima* Setchelle et Gardner in Gardner 1917(Gardner, 1917).

Cette souche est connue par son filament de 7 à 8 µm de diamètre, de forme ondulée en une spirale régulière ouverte de 3 à 8 tours de 40 à 60 µm de diamètre. La distance entre 2 spires est de 70 à 80 µm.

Les cellules ne présentent aucun rétrécissement au niveau des articulations, le protoplasme est assez grossièrement granulé avec des granules fréquemment groupés le long des cloisons transversales, la paroi externe des cellules apicales est arrondie, légèrement épaissie (Busson, 1971).

Une souche « *Spirulina paracas* » a été acclimatée depuis de nombreuses années par Philippe Calamand à Lodève France dans sa production artisanale en milieu EDE. Cette souche a été ensuite exportée à Toliara pour tester sa viabilité en milieu EMTE.

3.3.5 *Préparation des souches avant inoculation dans les milieux de culture*

Adaptation à l'eau de mer

La Spiruline préalablement cultivée en EDE ou prélevée dans son habitat naturel doit être adaptée progressivement au milieu EMTE pour éviter un choc osmotique. Cette adaptation se fait en rajoutant progressivement du milieu EMTE au milieu EDE ou au milieu naturel

Multiplication avant ensemencement

Avant toute inoculation dans des volumes importants, il faut augmenter progressivement le volume de culture pour obtenir une densité de cellules suffisantes et éviter la photolyse. Ainsi, on rajoute du nouveau milieu de culture au fur et à mesure que la densité de la culture augmente. En

48

pratique, lorsque la valeur du disque de Secchi atteint 3 cm, on ajoute du milieu jusqu'à ramener cette valeur à 5cm. On opère ainsi jusqu'à obtenir la quantité et qualité suffisante de souche pour démarrer un bassin de plusieurs litres.

L'ensemencement des bassins de 10 m² a été réalisé de la manière suivante :

La souche a été multipliée progressivement dans des volumes de plus en plus importants jusqu'à être cultivée dans des bassins de 2 m² contenant 150 l de milieu de culture. Lorsque la densité est estimée suffisante à l'aide du disque de Secchi, les 150 l de souches sont versées dans le grand bassin préalablement rempli avec 600 l de milieux de culture. On effectue alors un nouveau contrôle de la densité en Spiruline : lorsque le disque de Secchi disparaît à 3 cm au terme d'une dizaine de jours, on complète le niveau du bassin avec 900 l de milieu de culture.

3.3.6 *Condition de culture*

Les expériences et les cultures effectuées durant ces études sont réalisées dans :

- des tubes de verre à fond conique de un litre
- des bouteilles plastiques transparentes de 1,5 l
- des erlènmeyers de 5 l
- des bacs de 40 l
- des bassins de 2 et 10 m².

Agitation

Quand la Spiruline est dans de bonnes conditions de culture, les cellules flottent. Une agitation est cependant nécessaire pour permettre aux cellules l'accès aux nutriments et à la lumière. Le système d'agitation utilisé est

49

différent selon les contenants de culture. Quand on travaille dans les tubes, bouteilles, erlènmeyer et bacs, l'agitation est assurée par un bulleur. Le débit est réglé de façon à avoir un bon brassage en évitant que les Spirulines ne se regroupent en amas. Le bout de chaque tuyau flexible qui conduit l'aération est prolongé par une tige de verre plongeant au fond des récipients.

Dans les bassins, on utilise une pompe à aquarium immergée dont le débit est réglé pour avoir une bonne circulation, tout en évitant d'abîmer les cellules. Un contrôle au microscope permet de s'assurer que l'agitation n'est pas destructrice. Une séparation médiane est installée dans les bassins de 10 m² pour faciliter la circulation d'eau.

L'éclairement

L'éclairement est différent selon les expériences réalisées:

L'énergie lumineuse pour les cultures en tube de verre est fournie par un tube fluorescent de 45W (correspondant à une intensité de 4.000 lux (Kosaric, et al., 1974), placé à 10cm derrière les tubes et allumé 24h/24h. Les cultures en bouteille plastique et en bac sont faites en lumière ambiante de la salle.

Dans les bassins, la lumière naturelle est tamisée pour éviter une photolyse des cellules.

3.3.7 *La construction des bassins*

Pour réaliser ce travail, 4 bassins sont construits : deux de 2 m² (2 x 1m) servant de multiplication de souche et de récoltes B1 et B2 et deux autres bassins de 10 m² (5 x 2 m) reçoivent la culture proprement dite B3 et B4.

Ces bassins sont constitués d'une bâche de camion soutenue par des planches fixées par des poteaux en bois ronds plantés à 60 cm en sous-sol. L'intérieur du bassin ne doit pas comporter d'angles vifs, on coupe les quatre coins pour avoir des formes relativement ovales. Les bords du bassin sont remontés à 40 cm au-dessus du niveau du sol pour prévoir une marge de sécurité en cas de pluie abondante.

Ces 4 bassins sont enfermés dans une clôture imperméable. Deux sortes de toits leur donnent en alternance de l'ombre (une bâche de camion) et de la lumière (une toile transparente).

Pour éviter la hausse excessive de la température interne durant la journée, deux portes sont créées aux largeurs de la clôture pour assurer la circulation d'air. De ce fait, des couvertures transparentes en matière plastique doivent être installées sur chaque bassin pour éviter que les poussières ne tombent directement dans les bassins de culture.

3.3.8 *La récolte*

Filtration

Une pompe à vide cave prolongée par un tuyau est utilisée pour prélever et passer la culture à travers deux filtres superposés : le premier de 300 µm de maille bloque les organismes indésirables de grande taille, le second de 30 µm permet de récupérer les Spirulines.

L'eau filtrée tombe dans le bassin B2, où son volume est noté, puis elle est versée dans le bassin de culture.

Pressage

La presse est fabriquée en bois ; elle est constituée d'un levier, d'un coffret, d'un support, d'une tablette et d'un contre poids (schéma Figure 11). Après filtration, la biomasse de Spiruline humide est enveloppée dans un filtre de 30µm, puis dans un tissu résistant à la pression due à la presse. Sans abîmer le filtre à Spiruline, on l'introduit dans un coffret pour le presser.

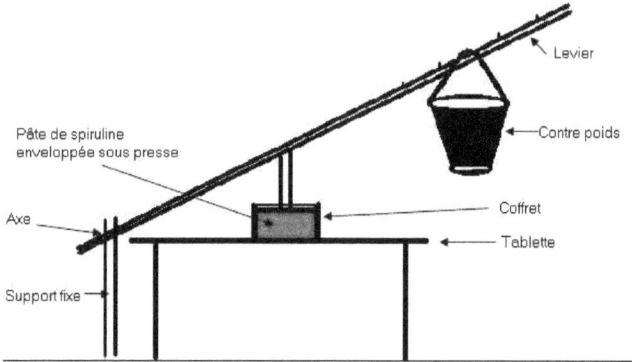

Figure 11 : Schéma du système de pressage

Ainsi, on obtient une biomasse de Spiruline fraîche que l'on peut soit consommer directement, soit sécher pour la conserver.

Extrusion et séchage

L'extrudeuse utilisée est constituée d'un pistolet à colle professionnel type Sika modifié. Ainsi, le bouchon vissé est percé d'un trou de 1 à 2 mm pour permettre de transformer la pâte de Spiruline en « nouilles » fines qui sont étalées sur les séchoirs.

Les séchoirs sont fabriqués à l'aide d'une toile verte de 2 mm de taille de maille soutenue par un cadre en bois rectangulaire de dimensions (30 x 60 cm) compatibles avec celles de l'étuve. Durant le séchage à l'étuve à 60°C, une circulation d'air est assurée. Après 24 h, on récolte la Spiruline sèche qui est pesée à l'aide d'une balance de précision.

Stockage et conditionnement

La Spiruline sèche est stockée dans un récipient bien étanche et placé en lieu sec. La Spiruline peut être conditionnée dans un sachet à l'abri de la lumière sous diverses formes selon l'appréciation des consommateurs :

- de brindilles,
- de poudre,
- de gélules et de comprimés

Humidité

La norme de la teneur en eau de Spiruline sèche est inférieure à 10 %. Pour cela un thermo hygromètre a permis de mesurer le pourcentage d'eau contenue dans la biomasse sèche. Il suffit d'introduire la sonde de l'appareil à l'intérieur du récipient bien étanche contenant l'algue et on attend la stabilité de l'humidité relative affichée.

3.4 Résultats des cultures expérimentales

Pour suivre la croissance de la Spiruline j'ai représenté l'évolution en fonction du temps de la biomasse estimée par le poids sec et le nombre de spires ml^{-1} mais j'ai aussi calculé le taux de croissance et la production.

Le taux de croissance est calculé pendant les intervalles entre les récoltes en utilisant les données de nombre de spires ml^{-1} et de poids sec (g l^{-1}) à partir de l'équation :

$$\mu = \frac{1}{dt} \log_2 \left(\frac{X_t}{X_0} \right) \text{ (doublements jour}^{-1})$$

dt = intervalle de temps entre 2 mesures

X_0 et X_t = respectivement densités initiale et finale en spires ml^{-1}

La production est l'augmentation de la biomasse par unité de volume ou de surface et par unité de temps. J'ai choisi de l'exprimée par m^2 de bassin jour^{-1} mais aussi par litre de milieu jour^{-1} en la calculant pendant les intervalles entre les récoltes comme pour le taux de croissance. On la calcule ainsi pour la surface :

$$P = \frac{1}{dt} \times (B_t - B_0) \times V \times \frac{1}{S}$$

P = production en g poids sec $m^{-2} j^{-1}$

dt = intervalle de temps entre 2 mesures

B_t et B_0 = Biomasses (PS g l^{-1}) finale et initiale

V = volume de milieu dans le bassin, calculé à partir du volume initial et taux d'évaporation (l)

S = surface du bassin (10 $m^{2)}$

Par rapport au milieu de culture :

$$P = \frac{1}{dt} \times (B_t - B_0)$$

P = production en mg poids sec $l^{-1} j^{-1}$

Les moyennes sont données ± erreur standard de la moyenne.

3.4.1 *Faisabilité de la culture en eau de mer et en bassin de 10m²*

Les objectifs de cette expérience sont de tester la viabilité d'une production de Spiruline dans des conditions proches d'une exploitation à petite échelle et de récupérer une biomasse de Spiruline cultivée en milieu d'eau de mer traitée. Cette dernière opération permet de réaliser une analyse qualitative des éléments nutritionnels qui la constituent et de tester ses qualités gustatives.

Traitement de la culture

La quantité de carbonate de soude ajoutée à l'eau de mer pour précipiter le Ca et le Mg a été réduite de moitié (6,5 g l^{-1}) par rapport à celle 11 g l^{-1}

mentionnée à la méthodologie.

Chaque jour, du $NaHCO_3$ (0,2 g m^{-2}) et de l'urée (0,2 g m^{-2}) sont additionnés avec prudence pour éviter l'excès d'urée qui libère du NH_4^+ qui devient toxique en quantité supérieure à 30 mg l^{-1} (Jourdan, 1999). L'évaporation a été compensée par l'ajout d'eau douce

Après chaque récolte, on rajoute au milieu de culture des éléments nutritifs en fonction de la biomasse récoltée : $FeSO_4$ (0,5 g kg^{-1}), KH_2PO_4 (50gkg^{-1}), $MgSO_4$ (30 g kg^{-1}), K_2SO_4 (40 g kg^{-1}).

Paramètres physiques et chimiques

La température moyenne de l'air ambiant était de 33±0,4 (n=65) pendant la durée de l'expérimentation. La température minimale était de 24°C alors que la maximale était de 33°C. Dans le bassin de culture, la température moyenne de l'eau était de 28±0,2° (n=65). Elle était assez basse par rapport à l'optimum 35°C pour la croissance de la Spiruline, mais supérieure à la limite inférieure de tolérance 20°C de cet organisme.

La salinité moyenne de l'eau dans le bassin de culture était de l'ordre de 45±0,6 g l^{-1} (n=65). La plus forte salinité enregistrée durant cette culture était 51 g l^{-1}. L'augmentation de cette salinité était due à l'évaporation et pour compenser celle-ci, on ajoutait après chaque récolte de l'eau douce d'où la diminution brusque Figure 13. La valeur moyenne du pH du milieu de culture était de 10,3±0,02 (n=65). Le pH optimum d'une culture florissante est entre 9,5 et 10,5. Quand le pH dépasse 10,5, l'apport de CO_2 est insuffisant pour compenser le prélèvement par les algues (Fox, 1999).

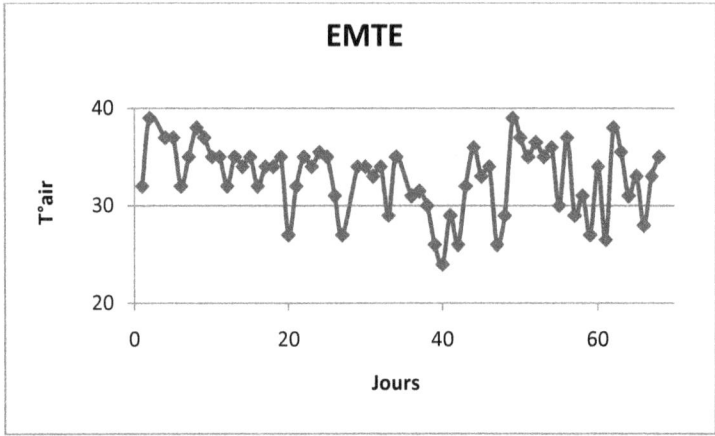

A

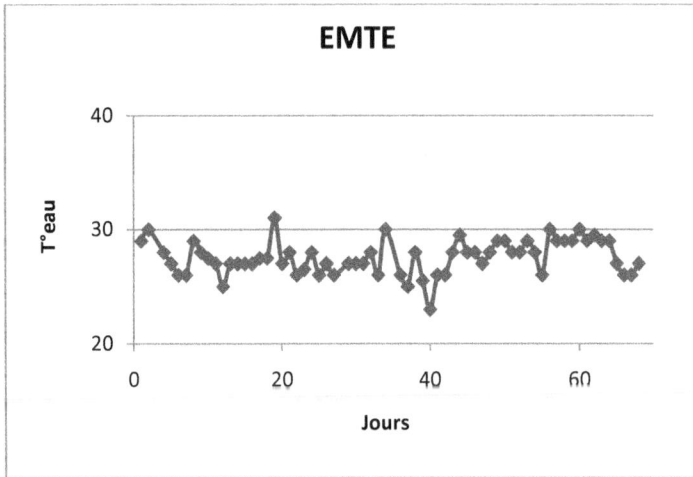

B

Figure 12 : Evolution de la température de l'air (A) et de l'eau (B) dans les bassins de 10 m^2 en milieu eau de mer enrichie (EMTE).

La valeur moyenne du pH du milieu de culture était de 10,3±0,02 (n=65).

Le pH optimum d'une culture florissante est entre 9,5 et 10,5. Quand le pH dépasse 10,5, l'apport de CO_2 est insuffisant pour compenser le

prélèvement par les algues (Fox, 1999)

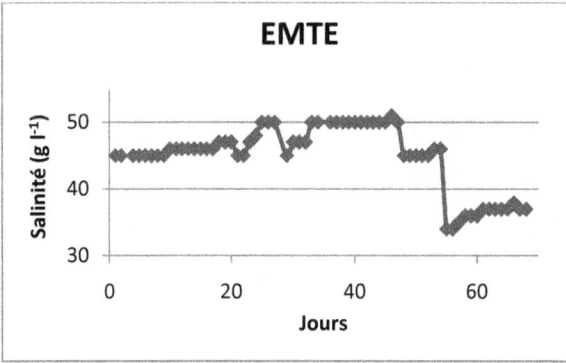

A

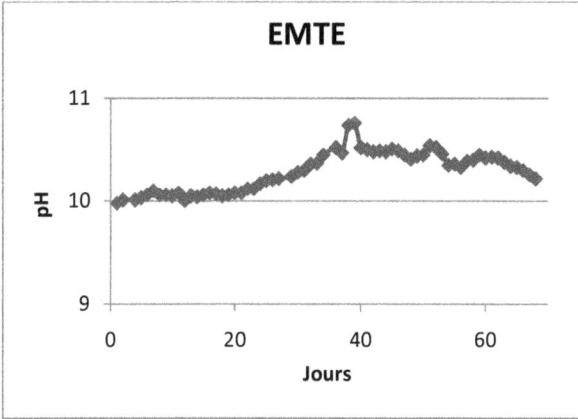

B

Figure 13: Evolution de la salinité (A) et du pH (B) dans les bassins de 10 m^2 en milieu eau de mer enrichie (EMTE)

Dans ce bassin, le pH variait de 10 à 10,8 et sa courbe de variation montre que le pH ne reste que peu de temps au-dessus de 10,5.

La valeur moyenne du pH du milieu de culture était de 10,3±0,02 (n=65).

Le pH optimum d'une culture florissante est entre 9,5 et 10,5. Quand le pH dépasse 10,5, l'apport de CO_2 est insuffisant pour compenser le prélèvement par les algues (Fox, 1999).

Evolution de la biomasse

Je ne présenterai que les paramètres estimatifs de la biomasse qui me paraissent les plus pertinents :

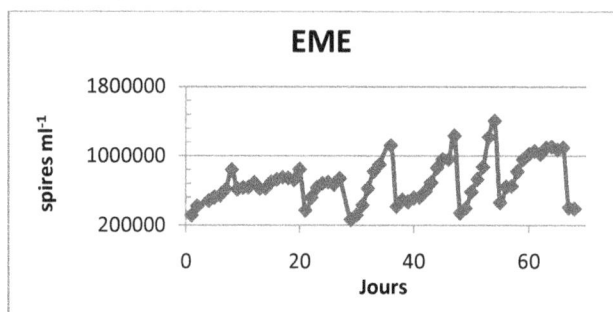

A

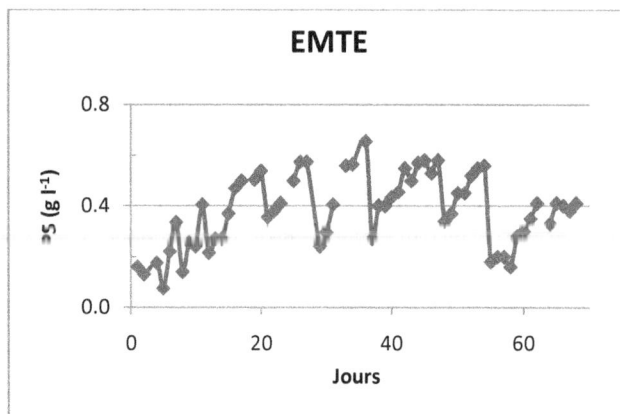

B

Figure 14 : Evolution de la biomasse en spires par ml (A) et en poids sec PS(g l^{-1}) (B) dans le bassin de 10 m² en milieu eau de mer enrichie (EMTE)

- le poids sec puisqu'il est utilisé pour mesurer la récolte
- le nombre de spires par ml (obtenu en multipliant le nombre de filaments par ml par le nombre moyen de spires par filament) car il permet de calculer le taux de croissance

La biomasse exprimée en nombre de spires par millilitre et en poids sec par litre est présentée sur la Figure 14. On constate que le nombre de spires par ml varie de 264 775 à 1 408 875. Calculée à partir de poids sec par litre, la biomasse varie de 0,08 à 0,6. Les diminutions brusques de la biomasse correspondent aux récoltes.

Taux de croissance et production

Le taux de croissance μ est plus élevé en moyenne quand on le calcule à partir du nombre de spires par rapport au calcul à partir du poids sec (Tableau 5) et (Figure 15). Le μ calculé à partir du nombre de spires est en moyenne $0,2\pm0,04$ (n=6). Il varie de $0,07\,j^{-1}$ au début de la culture à $0,34\,j^{-1}$ après 50 jours puis diminue au 60ème jour à $0,1\,j^{-1}$.

Calculé à partir du poids sec, le μ moyen est de $0,13\pm0,02$ (n=6). Le taux de croissance minimum observé était de 0,09 alors que le taux maximum était de $0,21\,j^{-1}$.

Tableau 5 : Valeurs minimales ($_{min}$), maximales ($_{max}$) et moyennes ($_{moy}$)($\pm$) du taux de croissance (μ) calculé à partir des spires et du poids sec (PS) et de la production (P) dans les bassins de 10 m^2 en milieu eau de mer enrichie (EMTE)

	μ Spires		μ PS		P : g PS $m^{-2}\,j^{-1}$		P : mg PS $l^{-1}\,j^{-1}$	
	μ_{min}-μ_{max}	μ_{moy}	μ_{min}-μ_{max}	μ_{moy}	P_{min}-P_{max}	P_{moy}	P_{min}-P_{max}	P_{moy}
EMTE	0,07-0,34	0,20±0,04	0,09-0,21	0,13±0,02	2,5-7,4	4,2±0,7	20-59	34±6

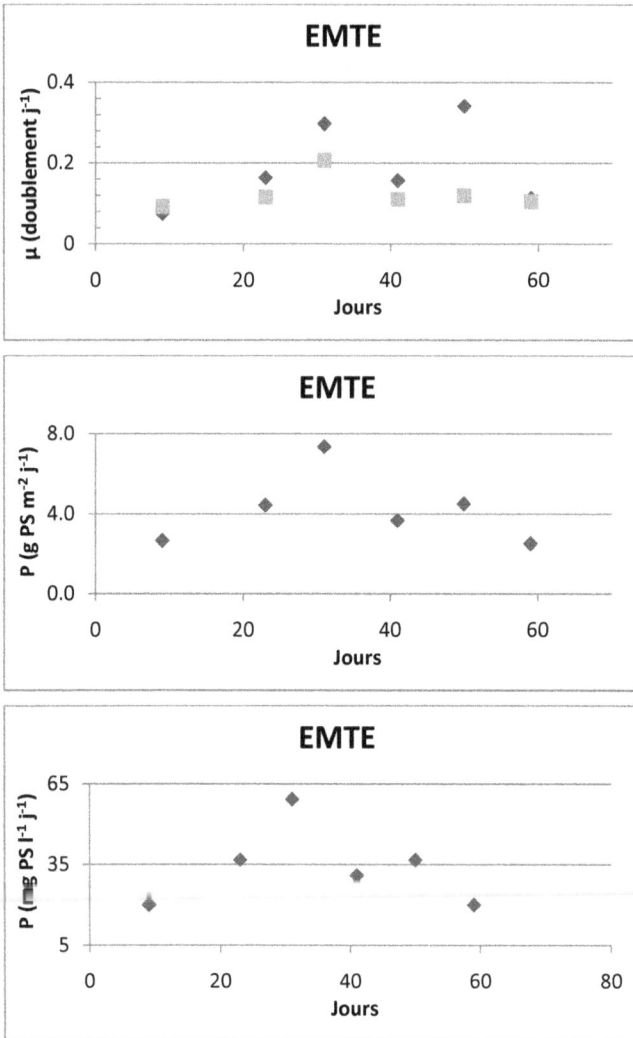

Figure 15 : Evolution du taux de croissance (μ) calculé à partir des spires (carrés), du poids sec (losanges) et de la production (P) exprimée en g de poids sec (PS) par m² par jour et en mg de poids sec par m^2 et par litre, dans les bassins de 10 m^2 en milieu eau de mer enrichie (EMTE)

La production de Spiruline par m² de bassin   est   en   moyenne   de

$4,2\pm0,72$gm^{-2} j^{-1} (n=6). Elle varie de 2,7 jusqu'à un pic de $7,4$gm^{-2} j^{-1} puis diminue par la suite à 2,5 g m^{-2} j^{-1}. Alors que par litre de milieu de culture, la production est en moyenne de 34 ± 6 mg l^{-1} j^{-1}. Elle augmente en allant de 20 mg l^{-1}j^{-1} à un pic de 59 mg l^{-1}j^{-1} au 31e jour, puis diminue en revenant à 20 mg l^{-1} j^{-1} en fin de culture.

Récoltes

Dans le bassin EMTE, on a réalisé 6 récoltes en 66 jours. Le volume filtré était en moyenne de 421 ± 32 l et la récolte était en moyenne de 206 ± 14 g. La récolte totale était de 1237 g après filtration de 2523 l. Si on calcule les récoltes par m^2 de bassin et par jour, on obtient une récolte moyenne de 1,87 g m^{-2} j^{-1}. En réalité ces récoltes ont été obtenues en utilisant 1337 l de milieu de culture. La récolte par litre de milieu de culture est donc de 0,9g l^{-1}.

On observe d'autre part que la récolte (R) est faible par rapport à la production (P) puisque dans le bassin, R = 1,8 et P = 4,2 g m^{-2} j^{-1}. Cela veut dire que le bassin a été sous exploité.

Composition élémentaire et qualité de la Spiruline produite en eau de mer

La Spiruline est une source considérable en composants chimiques divers (Vonshak, 1990). Les protéines et d'autres éléments plus récemment mis en évidence comme la phycocianine, β carotène et les acides gras insaturés prennent de plus en plus d'importance du fait qu'ils présentent un intérêt thérapeutique pour l'homme (Belay, 1994).

La biomasse de Spiruline analysée provient de la culture en bassins de 10m^2 en milieu EMTE récoltée le 27 janvier 2003 à Toliara. La salinité du milieu était de 50 g l^{-1}, le pH de 10,5, et la température de 26°C. Après pressage et extrusion, la biomasse fraîche récoltée était séchée directement à l'étuve à 60°C pendant 24 h. La Spiruline sèche, sous forme de brindilles, était ensuite conditionnée en sachets de matière plastique noire jusqu'à l'analyse en laboratoire (le Laboratoire de Phytochimie de Marseille, UMR CNRS 6171 Systèmes Chimiques Complexes, Faculté des Sciences et Techniques de Saint-Jérôme), en Mai 2003.

Le Tableau 6 nous montre la composition élémentaire de la Spiruline produite, comparée avec les valeurs minimales et maximales usuelles. On constate que la teneur en protéines est faible 40 % par contre celle en cendre est forte 11 %. Les autres éléments tels que lipides et moisissures sont légèrement supérieurs aux valeurs usuelles avec 8 %. Alors que l'hydrate de carbone se trouve à la limite supérieure des valeurs usuelles de 16 %.

Tableau 6 : Composition élémentaire (% poids sec) de la Spiruline produite en eau de mer comparée avec les valeurs minimales (Min) et maximales (Max) données par (Fox, 1999) pour *Spirulina maxima*

	Spirulina maxima		Souche de Madagascar
	Min	Max	
Moisissure	4	7	8
Lipide	6	7	8
Protéine [a]	60	71	40
Cendre	6	9	11
Hydrate de carbone	13	16	16

Note: [a]) Calculé à partir de N x 6,25

Le Tableau 7 montre les valeurs des éléments minéraux contenus dans la Spiruline récoltée. En comparant ces valeurs à celles données dans la littérature, on remarque une faible teneur en calcium 300 mg kg^{-1}, alors que celles en potassium et surtout en sodium sont très fortes, respectivement de 20.000 mg kg^{-1} et 26.295 mg kg^{-1}. Le phosphore présente une teneur de

7.800 mg kg^{-1} comprise entre les valeurs extrêmes usuelles et la teneur en chlore, 5480 mg kg^{-1} est légèrement supérieure à la normale.

Tableau 7 : Composition (mg kg^{-1} de matière sèche) en éléments minéraux de la Spiruline produite en eau de mer comparée avec les valeurs minimales (Min) et maximales (Max) données par (Fox, 1999) pour *Spirulina maxima*

	Spirulina maxima		Souche de Madagascar
	Min	Max	
Calcium	1045	1315	300
Phosphore	7617	8942	7800
Chlore	4000	4400	5480
Sodium	275	412	26295
Potassium	13305	15400	20000

La composition vitaminique de la Spiruline d'eau de mer est présentée au Tableau 8. On constate un résultat décevant : la teneur est presque nulle en vitamines A et B2, faible en vitamines B1, C et E.

Tableau 8 : Composition vitaminique (mg kg^{-1} de matière sèche) de la Spiruline produite en eau de mer comparée avec les valeurs données par (Fox, 1999) pour *Spirulina maxima*

Vitamines	*Spirulina maxima*	Souche de Madagascar
A (U I)	-	< 1
B1 (Thiamine HCl)	55	4,2
B2 (Riboflavine)	40	< 0,5
C (Acide ascorbique)	90	< 20
E (Acétate de tocophérol)	190	94,3

Le Tableau 9 montre les compositions des différents acides aminés dans la Spiruline d'eau de mer. Par rapport aux valeurs usuelles, la teneur de ces acides est proche des valeurs normales, à l'exception de méthionine, qui a une faible teneur à 1,6 mg kg^{-1}.

Tableau 9 : Composition en différents acides aminés (mg kg^{-1} de matière sèche) de la Spiruline produite en eau de mer comparée avec les valeurs minimales (Min) et maximales (Max) données par (Fox, 1999) pour *Spirulina maxima*

Acides aminés	*Spirulina maxima*		Souche de Madagascar [b]
	Min	Max	
Isoleucine	5,81	6,15	5,45
Leucine	8,17	9,26	8,17
Lysine	4,93	5,63	3,97
Méthionine	2,65	3,05	1,60
Phénylalanine	4,62	5,56	3,97
Thréonine	5,30	5,87	4,40
Valine	7.0	8,45	5,92
Tyrosine	-	-	3,75
Alanine	8,2	8,28	7,02
Arginine	7,43	8,42	6,90
Acide aspartique	9,05	9,95	9,42
Cystine	0,93	0,94	0,75
Acide glutamique	12,59	13,82	14,5
Glycine	4,87	5,28	4,47
Histidine	1,48	1,52	1,37
Proline	4,18	4,46	3,32
Serine	5,3	5,63	4,20

Tableau 10 montre la composition en acides gras de la Spiruline d'eau de mer comparée avec les valeurs usuelles. On constate une faible teneur en acides γlinolenique et linoléique respectivement de 16,6 mg kg^{-1} et 17,7 mg kg^{-1} mais une forte teneur en acides heptadécanoïque et oléique respectivement de 0,9 et 12,5 mg kg^{-1}. Les autres composants en acides gras ont des valeurs proches des valeurs usuelles.

Tableau 10 : Composition en acides gras (mg kg^{-1} de matière sèche) de la Spiruline produite en eau de mer comparée avec les valeurs minimales (Min) et maximales (Max) données par (Fox, 1999) pour *Spirulina maxima*

Acides gras	*Spirulina maxima*		Souche de Madagascar
	Min	Max	
Decanoique	-	-	6,5
Laurique	0,4	0,4	1,4
Myristique	1,1	1,2	1,0
Pentanoique	-	-	1,0
Pentenoique	-	-	1,8
Palmitique	35,5	38,5	35,9
Palmitoleique	2,5	3,4	2,9
Heptadecanoique	0,2	0,2	0,9
Stéarique	0,0	0,6	0,1
Oléique	4,6	5,0	12,5
Linoléique	22,8	25,5	16,6
γ Linolenique	19,7	20,4	15,7
α Linolenique	1,6	11,6	3,6

Les faibles concentrations en certains composants de la souche de Spiruline de Madagascar par rapport aux valeurs données (Fox, 1999) peuvent être expliquées ainsi :

Les faibles teneurs en protéines et autres composants observées chez la Spiruline produite en eau de mer s'expliquent en partie par la présence de sels résiduels dans une biomasse non lavée avant d'être pressée. Ces teneurs peuvent être augmentées par un lavage efficace des Spirulines pour les débarrasser des sels du milieu nutritif. Ce lavage diminuerait de 4 à 4,5% la teneur en sels de la biomasse (Clément, 1975). Un autre auteur (Richmond, 1988), in Borowitzka, Borowitzka (1988) affirme que si la pâte de Spiruline n'est pas suffisamment lavée avec de l'eau acidulée (pour débarrasser les carbonates absorbés), la teneur en cendres de la biomasse sèche atteint jusqu'à 20% provoquant une diminution de la teneur en protéines qui devient < 50 %.

Si on compare la teneur de 40 % en protéines trouvée dans cette souche avec celle des aliments classiques, on constate qu'elle est parmi les teneurs les plus élevées Tableau 11. D'autant plus que la protéine de la Spiruline est biologiquement complète, munie de tous les acides aminés essentiels et non essentiels, facile à digérer (5 fois plus facile que celle de la viande et du haricot).

Bien que certains éléments soient présents en faible teneur, les résultats de l'analyse chimique de la Spiruline produite en eau de mer montrent qu'elle garde les éléments nutritifs essentiels. Cette faible teneur est probablement due à des conditions de culture non optimales, susceptibles d'être améliorées pour avoir un produit de meilleure qualité.

Tableau 11 : Quantité de protéine (%) dans la Spiruline et des autres aliments données par (Henrikson, 1997) in (Ravelo, 2001)

Aliments	Protéines (%)
Spiruline (Belalanda Toliara)	59
Œuf entier séché	47
Spiruline d'eau de mer (Toliara)	**40**
Farine de soja	37
Poudre de lait écrémé	36
Arachide	26
Poulet	24
Poisson	22
Bœuf	22
Haricot sec	22
Farine de blé	12
Maïs	9
Riz	8

Ce tableau montre aussi que la teneur en protéines de la Spiruline souche locale est inférieure de plus de 20% (40 %. contre 59%) à celle du milieu naturel (Belalanda Toliara), quand elle est cultivée en eau de mer.

Qualité organoleptique de la Spiruline produite d'eau de mer

Deux niveaux importants d'analyse doivent être pris en compte pour connaître la qualité d'une nourriture : la composition chimique et le goût. Pendant la culture en bassin de la Spiruline en eau de mer, les deux premières récoltes ont étés effectués d'une manière différente. Dans la première, la biomasse filtrée du milieu (salinité 47 g l^{-1}) était rincée avec 20 l d'eau douce avant le pressage alors que dans la deuxième, la biomasse filtrée du milieu (salinité de 50 g l^{-1}) était pressée directement sans rinçage préalable. Après séchage, à la consommation, ceux qui connaissaient le goût de la Spiruline produite en milieu de culture classique ont attribué le meilleur goût à la Spiruline de la deuxième récolte. En nutrition, le sel sert non seulement pour le besoin de l'organisme en éléments Na et Cl qui le constituent mais pour augmenter la qualité gustative de ces aliments. Les malgaches ont l'habitude de consommer du riz assaisonné en bouillon. La composition de ce dernier est variée mais contient toujours du sel. Un bouillon sans sel se boit non par choix, mais par décision médicale pour guérir certaines maladies ou pour faciliter l'accouchement des femmes enceintes. Comme pour d'autres produits de la mer (algues, coquillages), le sel donne un excellent goût à la Spiruline en eau de mer. Ma fille, habituée depuis son plus jeune âge à consommer de la Spiruline, préfère nettement celle produite en eau de mer.

Expérience alimentaire personnelle.

Ma fille est née en septembre 2002. Dès sa naissance, je lui ai donné de la Spiruline. Au début c'était la Spiruline de Jean Paul JOURDAN que j'ai eue lors de mon premier stage d'initiation à la culture de Spiruline en 2001. J'ai eu l'occasion de récupérer 900g de biomasse sèche sous forme de petites brindilles. Chaque jour vers 19h, j'ai pris 2g de celle-ci dissous avec de l'eau chaude pour donner à ma petite-fille. La réserve était épuisée en juillet 2003. Un mois après, je produisais de la Spiruline d'eau de mer Après avoir arrêté pendant un mois faute de biomasse, le régime en Spiruline recommençait avec une nouvelle source. C'était une occasion de tester l'efficacité nutritionnelle de la Spiruline d'eau de mer. La quantité administrée était augmentée à 3g par jour toujours avec de l'eau chaude. Chaque mois est faite une évaluation du poids de la patiente. Pour elle la Spiruline est un complément alimentaire car elle a consommé d'autres aliments comme le lait maternel pendant 6 mois, à partir duquel s'ajoute l'aliment de sevrage composé principalement des bouillies de farine de blé lactée «farilac» et à partir d'un an de la bouillie composée de riz avec des légumes et de la viande.

Elle aime la Spiruline surtout celle produite dans l'eau de mer. Je pense que c'est l'une des raisons de sa bonne forme. C'est vrai que quelques fois, elle est tombée malade, a attrapé des grippes, fièvres et diarrhées, mais ce n'est jamais très grave et elle guérit vite.

Ce qui veut dire que la Spiruline produite en eau de mer apporte, comme la Spiruline d'eau saumâtre classique, des éléments de valeur nutritionnelle importante à l'organisme. Il est sans doute vrai que ce test est statistiquement non fiable pour affirmer une vérité scientifique mais c'est déjà un premier pas qui donne un résultat encourageant.

Conclusion

La culture en eau de mer est faisable ; elle donne un taux de croissance μ et une production (P) comparables à ceux observés dans le milieu classique : $\mu = 0,2\pm0,04$ doublement jour^{-1} et (P) = 4,2 $\pm0,7$ g m^{-2} j^{-1}. Les récoltes (R) en moyenne 1,8 g m^{-2} j^{-1} , ont permis de récupérer de la biomasse permettant de réaliser l'analyse qualitative des éléments nutritionnels qui la constituent et de tester sa qualité gustative. Les teneurs en protéines (40%) et surtout en vitamines des produits obtenus sont faibles par rapport à celles de la Spiruline cultivée en milieu traditionnel, probablement à cause de la présence de sels marins, mais ces teneurs sont importantes par rapport aux autres produits de l'alimentation humaine.

3.4.2 *Comparaison entre les milieux EMTE et EDE*

Pour pouvoir comparer la culture en eau de mer traitée et enrichie (EMTE) à celle plus classique en eau douce enrichie (EME), j'ai réalisé deux expériences avec la souche Malgache en flacons de 5 litres (réalisées en

2002) et en bassin de 10 m^2 (réalisées en 2003-2004). Les milieux de culture (EMTE et EDE) et les conditions de lumière, agitation sont décrites dans le chapitre méthodologie.

Culture en flacons de 5 litres (2002)

Conditions particulières :

Les souches locales utilisées ont été adaptées depuis longtemps au milieu EMTE et EDE. Un litre de milieu de culture concentré était ensemencé dans 4 litres de milieu de culture frais. Les deux flacons étaient placés sur une tablette sous l'enclos des bassins. L'agitation se faisait par bulleur dont les tuyaux sont prolongés jusqu'au fond à l'aide d'une tige de verre.

Paramètres physiques et chimiques :

L'observation des variations journalières de températures de l'air donne une moyenne de 28±0,6°C (n=18) à 7h, 34±0,7°C (n=16) à 14h et 34±0,6°C (n=17) à 19h

Sur la période d'étude, on enregistre un maximum de température de l'air de 40°C à 14 h et un minimum de 23°C à 7 h.

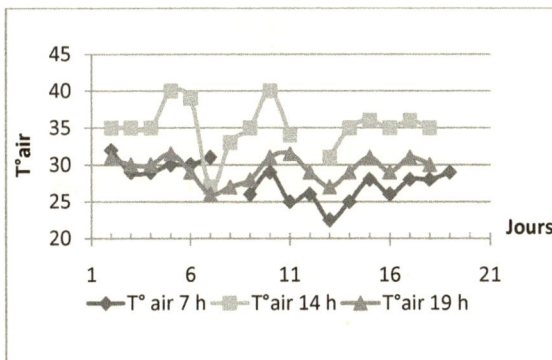

Figure 16 : Variations journalières de la température ambiante de l'air

L'observation des variations journalières de températures de l'eau donne

69

respectivement pour EMTE et EDE une moyenne de 25±0,4°C et
26±0,5°C (n=18) à 7h, 34±0,7°C (n=18) à 14h, 34±0,6°C (n=17) et
34±0,5°C (n=17) à 19h.

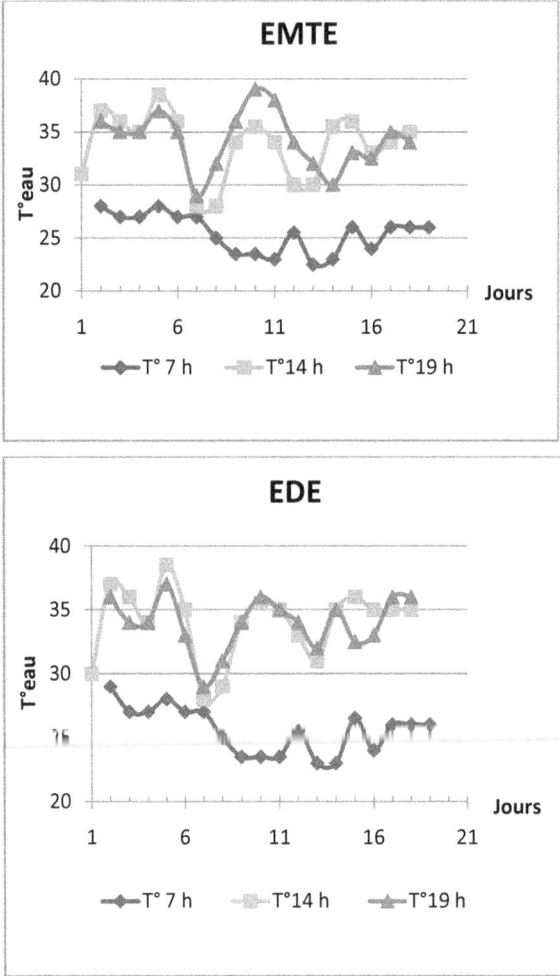

Figure 17 : Variations journalières de la température de l'eau dans les deux
milieux EMTE et EDE

Sur la période d'étude, on enregistre un maximum de température de l'eau de 39°C et un minimum de 23°.

La salinité moyenne de l'eau est de $46\pm0,5$ g l^{-1} dans le milieu EMTE et $14\pm0,4$ g l^{-1} (n=19) dans EDE. Elle augmente progressivement de 41 à 49 g l^{-1} et de 9 à 17 g l^{-1}, respectivement dans EMTE et EDE.

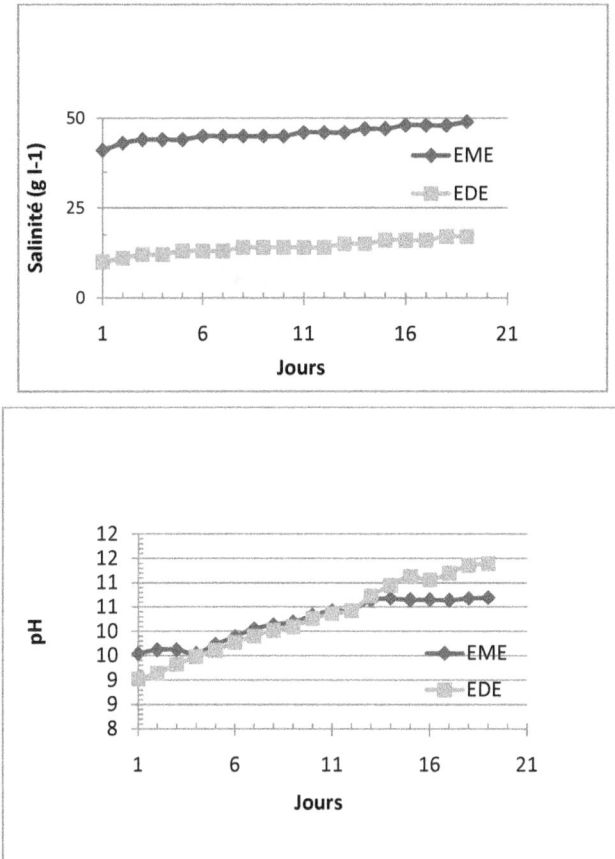

Figure 18 : Evolution de la température de l'air, de la salinité et du pH de l'eau dans les flacons de 5 litres en milieu eau de mer enrichie (EME=EMTE) et eau douce enrichie (EDE).

Le pH moyen de l'eau est de 10,2±0,1 et 10,3±0,2 (n=19) respectivement dans EMTE et EDE. On constate que le pH augmente régulièrement de 9,5 à 10,7 dans EMTE et de 9 à 11,4 dans EDE Figure 18. A partir du 12e jour, le pH du milieu EDE continue à monter jusqu'à 11,4, valeur qui dépasse la limite tolérée par la Spiruline. Alors que celui de EMTE reste stable autour de 10,7.

Evolution de la biomasse :

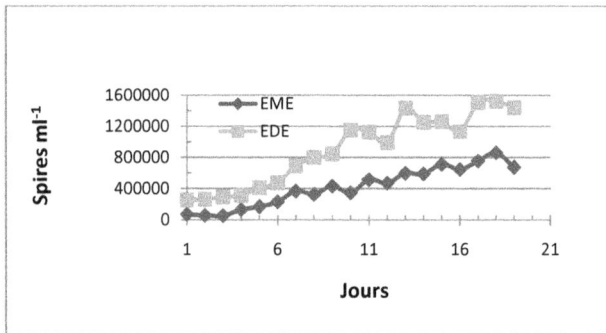

A

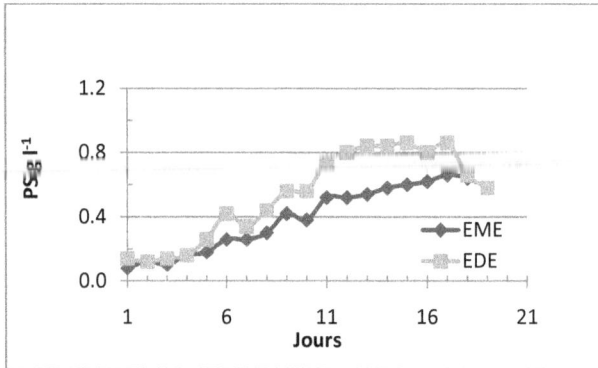

B

Figure 19 : Evolution de la biomasse en spires par ml (A) et en poids sec par l (PS l^{-1}) (B) dans les flacons de 5 litres en milieu eau de mer enrichie (EME=EMTE) et eau douce enrichie (EDE)

Les variations de la biomasse exprimées en spires par millilitre et en poids sec par litre dans les deux milieux EMTE et EDE apparaissent dans la Figure 19.

On constate que la biomasse en spires ml^{-1} maximale atteinte dans le milieu EDE est supérieure à celle dans EMTE, respectivement de $1,5\ 10^6$ contre $0,9\ 10^6$ spires ml^{-1}. Par contre, si on considère le poids sec, les biomasses sont proches, avec une moyenne de $0,5\pm0,1$ g l^{-1} en EDE et $0,4\pm0,01$g l^{-1} (n=19) en EMTE. Les valeurs maximales atteintes sont de $0,7$ g l^{-1} dans EMTE et de $0,9$ g l^{-1} dans EDE.

Taux de croissance et production :

Le taux de croissance et la production sont calculés par jour à partir de l'abondance en spires et du poids sec. Les valeurs sont négatives lorsqu'il y a diminution de la biomasse.

Les taux de croissance μ calculés à partir du nombre de spires et du poids sec sont très proches Tableau 12. Le μ est un peu plus élevé en moyenne en milieu ETME qu'en EDE, avec $0,2\pm0,1$ contre $0,14\pm0,1$ doublements jour^{-1} lorsqu'on calcule en nombre de spires et $0,2\pm0,1$ contre $0,11\pm0,1$ doublements jour^{-1} lorsqu'on calcule à l'aide de poids sec (PS).

Tableau 12 : Valeurs minimales ($_{min}$), maximales ($_{max}$) et moyenne ($_{moy}$) du taux de croissance (μ) calculé à partir des spires et du poids sec (PS) et de la production (P) dans les flacons de 5 l en milieu EMTE et EDE.

	μ spires		μ PS		P : mg l^{-1} j^{-1}	
	μ_{min} - μ_{max}	μ_{moy}	μ_{min} - μ_{max}	μ_{moy}	P_{min} - P_{max}	P_{moy}
EMTE	-0,4 - 1,3	$0,2\pm0,1$	-0,3 - 0,7	$0,2\pm0,1$	-60 - 140	28 ± 12
EDE	-0,2 – 0,5	$0,14\pm0,1$	-0,4 – 0,7	$0,11\pm0,1$	-200 - 180	24 ± 22

La production moyenne de Spiruline par litre en EMTE (28 ± 12 mg l^{-1} j^{-1})

est légèrement supérieure à celle en EDE (24 ± 22 mg l^{-1} j^{-1}) Figure 21. Par contre la production maximale (poids sec) est observée en EDE avec 180 mg l^{-1} j^{-1} contre 140 mg l^{-1} j^{-1} en EMTE.

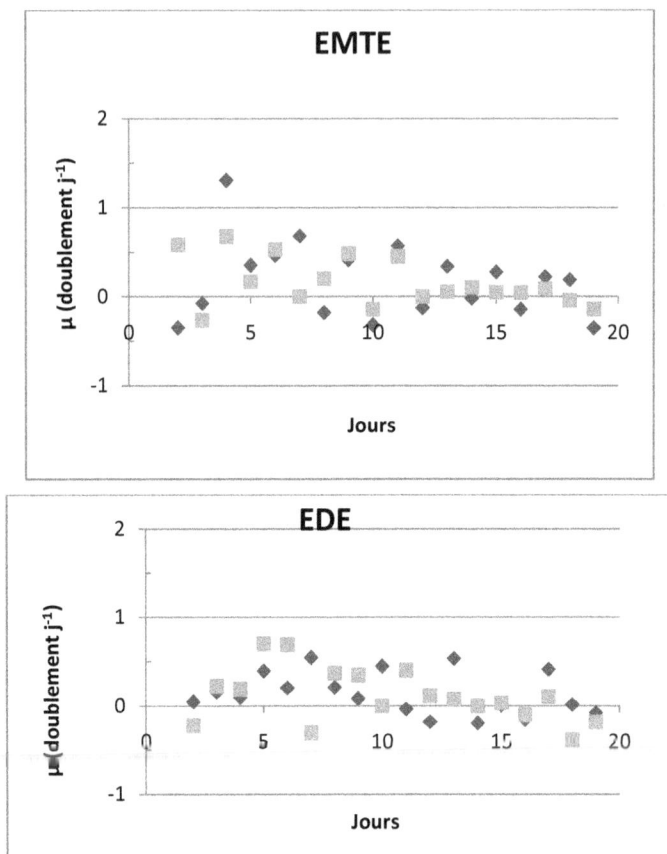

Figure 20 : Evolution du taux de croissance (μ) calculé à partir des spires (carrés) et du poids sec (losanges) du milieu d'eau de mer enrichie (EMTE) et d'eau douce enrichie (EDE) dans les flacons de 5 litres

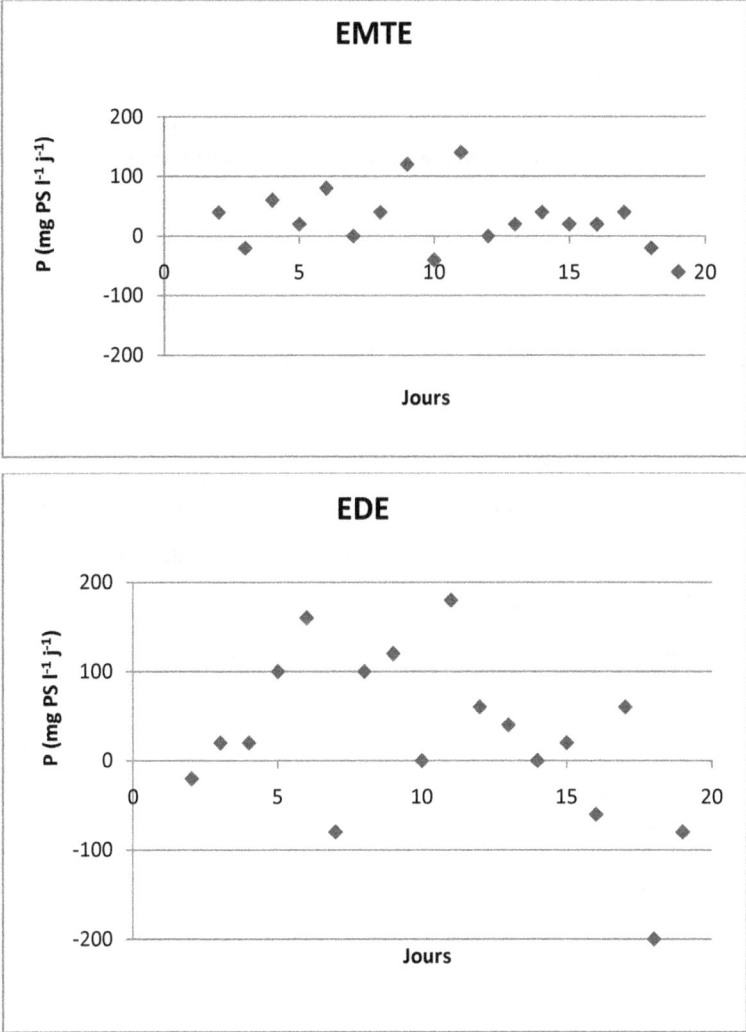

Figure 21 : Evolution de la production (P) mg de poids sec PS par litre du milieu d'eau de mer enrichie (EMTE) et d'eau douce enrichie (EDE) dans les flacons de 5 litres

Conclusion :

Les taux de croissance et la production sont relativement variables en fonction du temps. La production semble diminuer en fin de culture, notamment en EDE probablement à cause de l'augmentation du pH qui atteint des valeurs supérieures à 11, ce qui gêne la croissance de la Spiruline Figure 21

Culture en bassins de $10m^2$:

Cette expérience s'est déroulée à Toliara du 16 septembre 2003 au 5 février 2004.

Paramètres physiques et chimiques :

Autour des bassins de culture, la température ambiante était en moyenne de 31±0,32°C (n = 115). La température moyenne minimale de la journée était de 24±0,26°C et la maximale journalière de 38 ±0,25°C.

Les températures moyennes de l'eau dans les bassins de culture EMTE et EDE sont très proches, respectivement 31±0,14°C (n = 119) et 31±0,15°C (n = 99). Des variations de température sont constatées pendant la période de culture mais elles se situent entre 26 et 35°C, limites tolérées par la Spiruline (Figure 23). Cependant, la température moyenne de l'eau est inférieure à l'optimale pour sa croissance qui est de 35°C (Zarrouk, 1966).

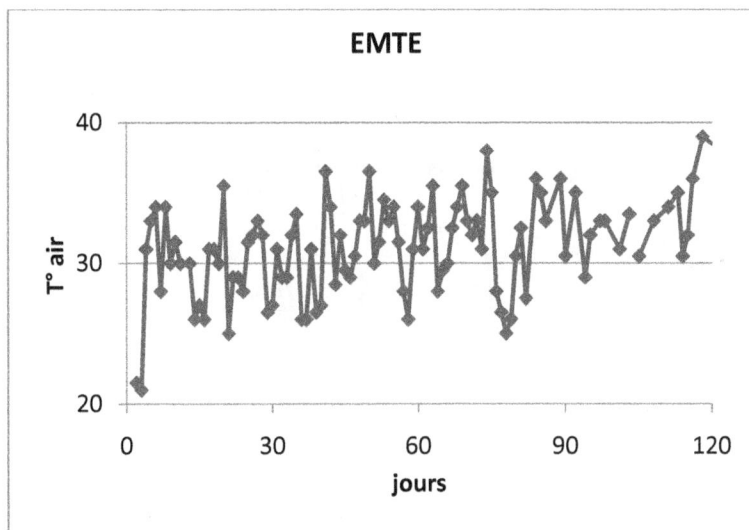

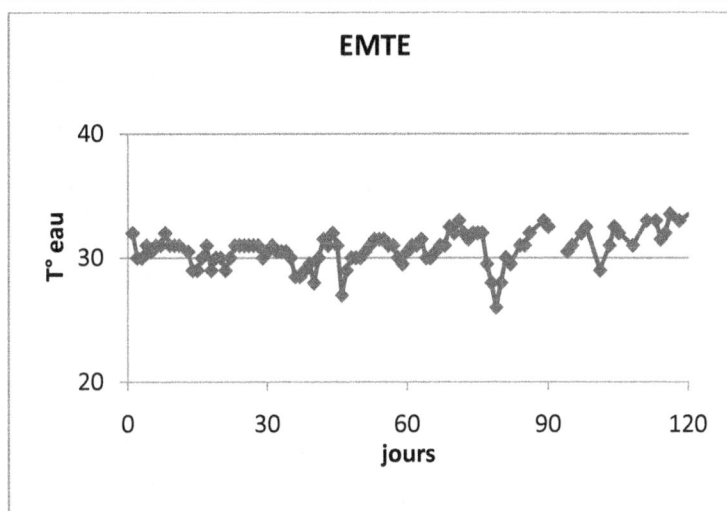

Figure 22: Evolution de la température de l'air et de l'eau dans les bassins de 10 m^2 en milieu eau de mer enrichie (EMTE)

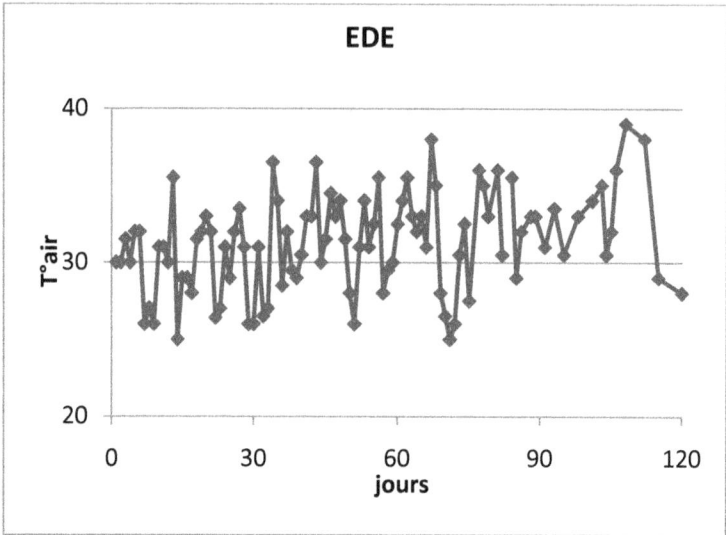

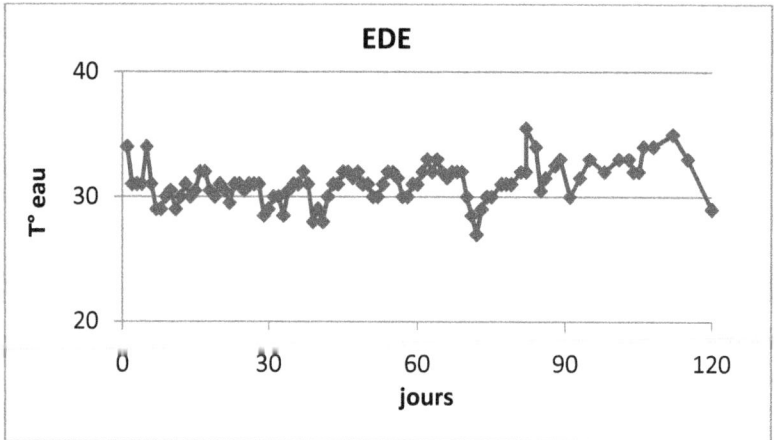

Figure 23: Evolution de la température de l'air et de l'eau dans les bassins de 10 m² en milieu eau douce enrichie (EDE).

Aucun ajout d'eau douce n'a été fait pour compenser l'élévation de la salinité due à l'évaporation afin de se placer dans des conditions de cultures à faible disponibilité en eau douce. La salinité de la culture dans le bassin

EMTE augmente progressivement de 43 à 87 g l^{-1} en 120 jours ; elle est en moyenne de 57±1 g l^{-1} (n = 117). Dans le bassin EDE, la salinité augmente progressivement de 10 à 17 g l^{-1} en 120 jours ; elle est en moyenne de 13±0,2 g l^{-1} (n = 97). Les deux chutes de salinité obervées correspondent pour la première à une dilution due à l'eau de pluie qui a traversé le toit déchiré du bassin et pour la seconde à l'ajout de milieu de culture Figure 25.

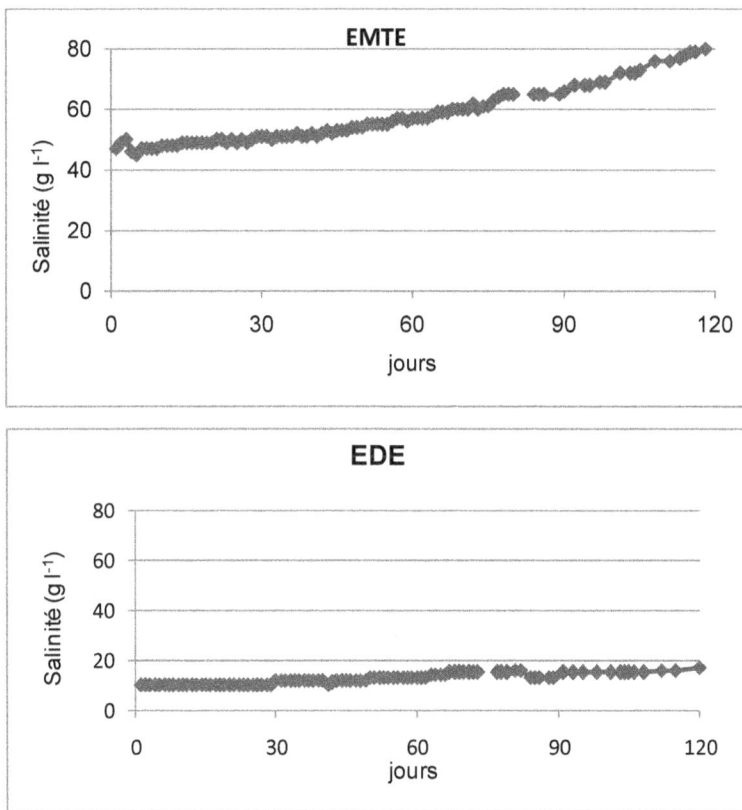

Figure 24 : Evolution de la salinité dans les bassins de 10 m^2 en milieu eau de mer enrichie (EMTE) et eau douce enrichie (EDE).

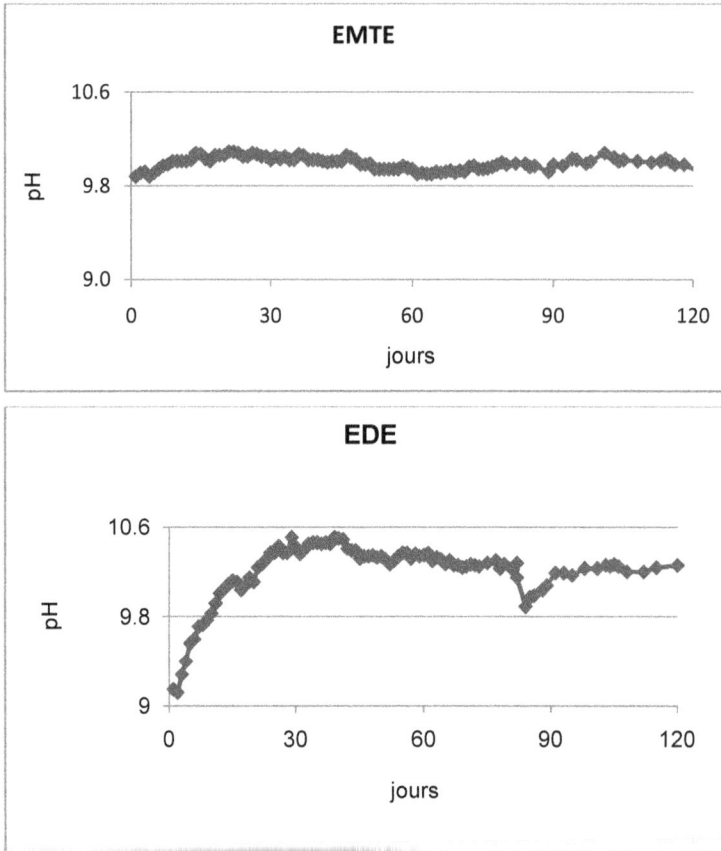

Figure 25 : Evolution du pH dans les bassins de 10 m^2 en milieu eau de mer enrichie (EMTE) et eau douce enrichie (EDE).

Le pH de l'eau dans le bassin EMTE varie de 9,9 à 10,0, restant dans les limites de tolérance de la Spiruline ; il est en moyenne de 10,01±0,01 (n = 118). Dans le bassin EDE, il augmente rapidement de 9,1 à 10,5 en 30 jours, puis reste relativement stable autour de 10,2 ; il est en moyenne de 10,20±0,03 (n = 98). La baisse rapide de pH observée le 82^{éme} jour (Figure

25) est due à l'ajout dans le bassin du nouveau milieu de culture.

Evolution de la biomasse :

Les variations de la biomasse de Spiruline mesurée dans les deux bassins (EMTE et EDE) à partir du nombre de spires par ml et du poids sec par litre apparaissent dans la Figure 27. Les baisses brutales observées correspondent aux récoltes.

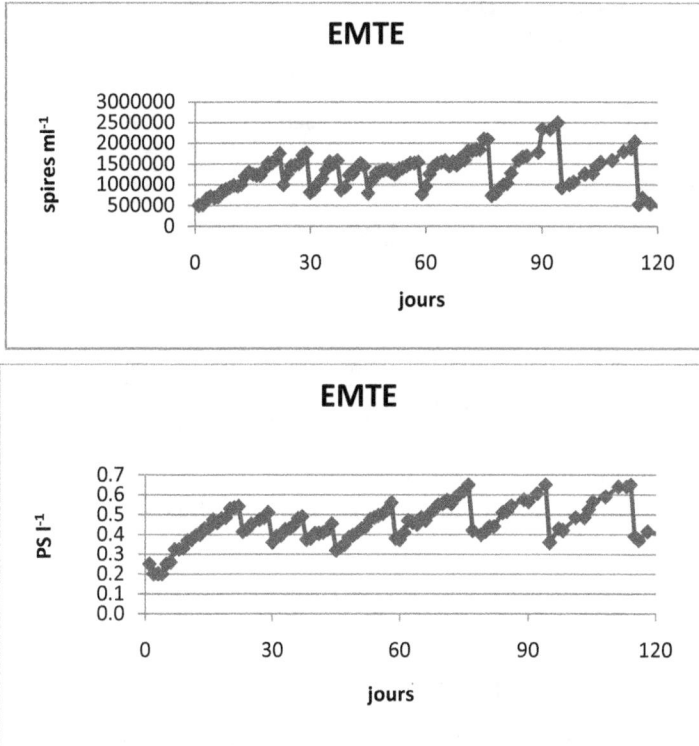

Figure 26: Evolution de la biomasse en spires par ml et en poids sec par l (PS l^{-1}) dans les bassins de 10 m^2 en milieu eau de mer enrichie (EMTE).

On observe que les biomasses maximales atteintes avant les récoltes sont du même ordre de grandeur dans les deux bassins, 2 10^{6}spires ml^{-1} et 0,5 à 0,6 g l^{-1} en poids sec.

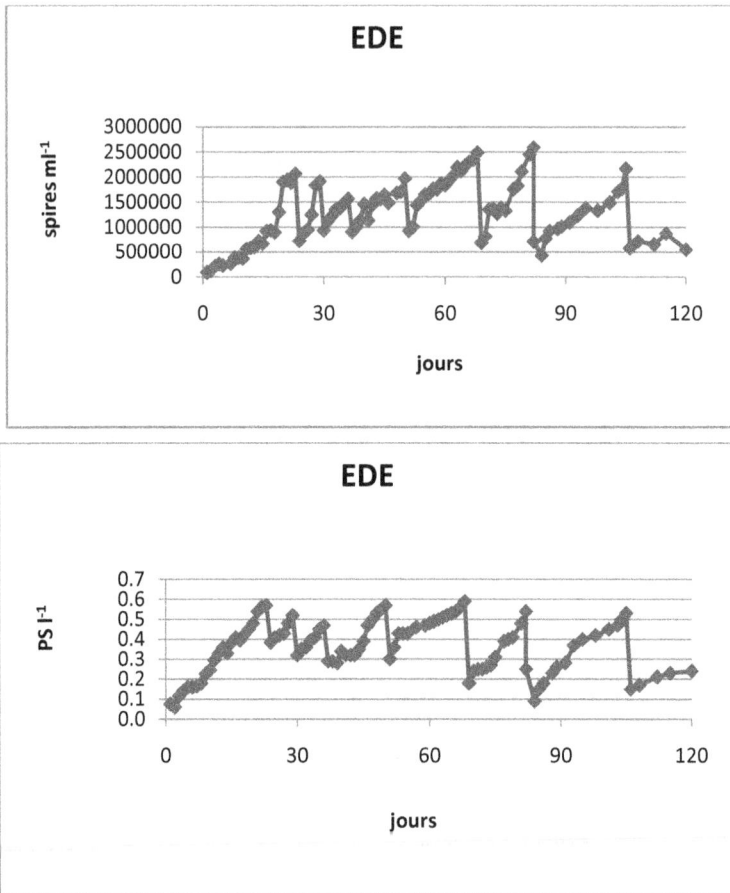

Figure 27: Evolution de la biomasse en spires par ml et en poids sec par l (PS l^{-1}) dans les bassins de 10 m^2 en eau douce enrichie (EDE).

<u>Taux de croissance et production :</u>

Les taux de croissances µ sont plus élevés quand ils sont calculés à partir de nombre de spires qu'à partir du poids sec (Tableau 13 et Figure 28) surtout en milieu EMTE. Le µ maximum, calculé sur le nombre de spires, est observé dans le bassin EDE avec 0,28 j^{-1}, mais il est beaucoup plus faible quand il est calculé à partir du PS : 0,1 j^{-1}.

Tableau 13: Valeurs minimales ($_{min}$), maximales ($_{max}$) et moyennes ($_{moy}$)(±) du taux de croissance (µ) calculé à partir des spires et du poids sec (PS) et de la production (P) dans les bassins de 10 m^2 en milieu eau de mer enrichie (EMTE) et eau douce enrichie (EDE)

	µ Spires		µ PS		P : gPSm^{-2}j^{-1}		P : mg PS l^{-1} j^{-1}	
	µ$_{min}$-µ$_{max}$	µ$_{moy}$	µ$_{min}$-µ$_{max}$	µ$_{moy}$	P$_{min}$-P$_{max}$	P$_{moy}$	P$_{min}$-P$_{max}$	P$_{moy}$
EMTE	0,06-0,14	0,10±0,01	0,04-0,06	0,05±0,00	1,4-2,5	1,9±0,1	13,3-18,6	15,6±0,7
EDE	0,07-0,28	0,14±0,03	0,05-0,13	0,09±0,01	1,2-2,4	1,8±0,2	12,2-27,7	21,9±2,1

Le taux de croissance est un peu plus élevé en moyenne dans le bassin EDE (0,14±0,03) que dans le bassin EMTE (0,10±0,01).

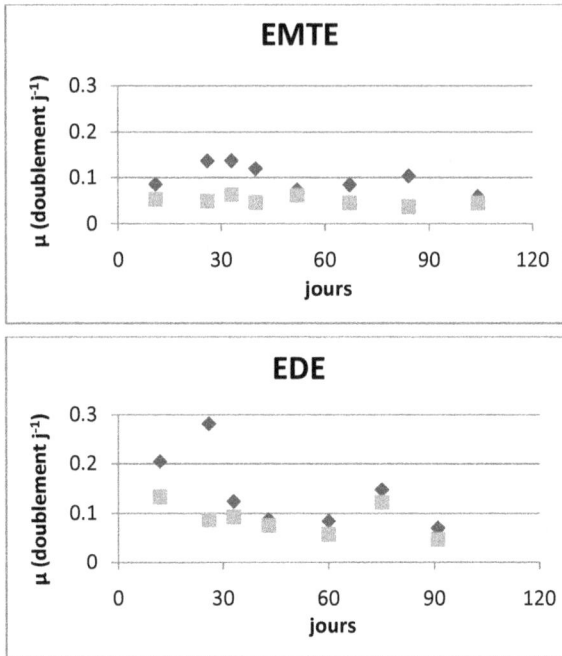

Figure 28: Evolution du taux de croissance (μ) calculé à partir des spires (carrés) et du poids sec (losanges) dans les bassins de 10 m^2 en milieu eau de mer enrichie (EMTE) et eau douce enrichie (EDE).

Mais si on enlève la valeur exceptionnelle de μ de 0,28 j^{-1}, on trouve une moyenne dans le bassin EDE de 0,12±0,02 qui n'est plus significativement différente de celle observée dans le bassin EMTE.

On observe que le taux de croissance se maintient autour de 0,1 tout au long des 120 j.

Les productions de Spiruline par m^2 en EMTE et EDE sont très proches (Tableau 12) et voisines en moyenne de 2 g m^{-2} j^{-1}.

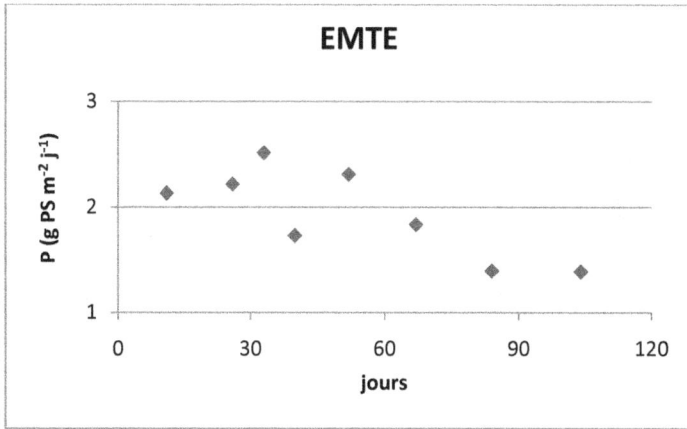

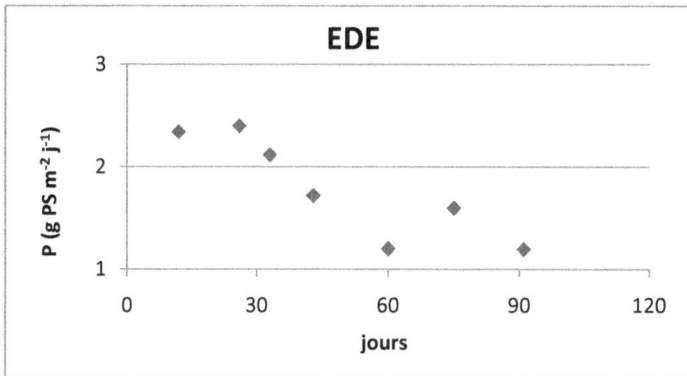

Figure 29 : Evolution de la production (P) par litre dans les bassins de 10 m^2 en milieu eau de mer enrichie (EMTE) et eau douce enrichie (EDE).

Les productions de Spiruline par litre de milieu en EDE ($21,9\pm2,1mgl^{-1}j^{-1}$) sont nettement supérieures à celle en EMTE ($15,6\pm0,7$ mg l^{-1} j^{-1}) (Tableau 13).

On observe que malgré un taux de croissance à peu près constant, la production baisse notablement dans le bassin EMTE à partir du 89ème jour et dans le bassin EDE à partir du 51ème jour (Figure 30).

85

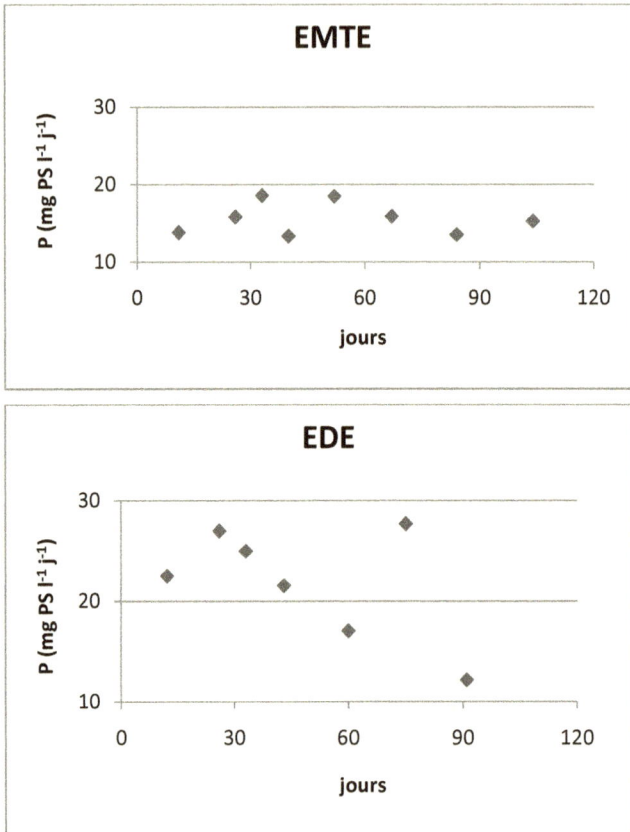

Figure 30 : Evolution de la production (P) par m^2 et par litre dans les bassins de 10 m^3 en milieu eau de mer enrichie (EMTE) et eau douce enrichie (EDE).

Récoltes réalisées dans le bassin :

Dans le bassin EMTE, on a réalisé 8 récoltes en 114 jours. Le volume filtré était en moyenne de 456±14 l, et la récolte était en moyenne de 264±20 g de matière sèche. Dans le bassin EDE, on a réalisé 7 récoltes en 95 jours. Le volume filtré était en moyenne de 451±14 l, et la récolte était en moyenne de 276±12 g. En bassin EMTE, la récolte totale était de

86

2113 g après filtration de 3650 l. Dans le bassin EDE, la récolte totale était de 1932 g après filtration de 3160 litres.

Si on calcule les récoltes par m^2 de bassin et par jour, on obtient une récolte moyenne de 1,94 g m^{-2} j^{-1} pour le bassin EMTE et 2,03 g m^{-2} j^{-1} pour le bassin EDE. Les récoltes des bassins EMTE et EDE ont été obtenues en utilisant 1540 litres de milieu de culture (dans EDE, on est parti de 1040 l puis on a rajouté 500 l). La récolte par litre de milieu est donc de 1,4 g l^{-1} pour le bassin EMTE et de 1,3 g l^{-1} pour le bassin EDE. Ces récoltes sont très proches, surtout si on les ramène au même temps de culture.

On observe d'autre part que la récolte (R) est très proche de la production (P) puisque dans le bassin EMTE, R = 1,9 et P =1,9g m^{-2} j^{-1} ; et dans le bassin EDE, R = 2,03 et P = 1,8 g m^{-2} j^{-1}.

Conclusion :

La culture en milieu d'eau de mer traitée et enrichie (EMTE) dans des bassins de 10 m^2 donne un taux de croissance μ et une production P comparables à ceux dans le milieu classique (EDE) : μ = 0,10±0,1 contre 0,14±0,3 doublement jour^{-1} et une production P=1,9±0,1 contre 1,8±0,2 g m^{-2} j^{-1} respectivement dans EMTE et EDE.

3.4.3 *Effet du traitement de l'eau de mer sur la croissance de la Spiruline*

Les objectifs de cette étude étaient de déterminer l'effet du traitement de l'eau de mer sur la croissance et la production de Spiruline et de chercher l'espèce la plus adaptée à la culture en eau de mer.

Les enrichissements étaient les mêmes que pour EMTE. Par contre, le traitement pour précipiter le Ca et le Mg a été différent selon le milieu de culture Tableau 14.

Tableau 14 : Préparation des 6 milieux de culture (M1 à M6) en fonction des quantités (g l⁻¹) de $NaHCO_3$ et Na_2CO_3 ajoutées à l'eau de mer (EM) avant l'enrichissement.

Milieux	$NaHCO_3$ (g l⁻¹)	Na_2HCO_3 (g l⁻¹)	Enrichissement
M1	0	0	-
M2	1	0	Enrichie
M3	1	1	Enrichie
M4	1	3	Enrichie
M5	1	6	Enrichie
M6= EMTE	1	11	Enrichie

Les souches utilisées ont été adaptées depuis longtemps au milieu EMTE. Pour chaque lot de culture, 500 ml de souche était ensemencé dans 500 ml de milieu de culture frais. Les flacons étaient placés sur une tablette sous une lumière naturelle de la salle. L'agitation se faisait par bulleur dont les tuyaux étaient prolongés jusqu'au fond à l'aide d'une tige de verre.

Expérience avec la souche « Paracas » en (2003)

Evolution des paramètres physiques et chimiques

La température de l'air à l'intérieur de la salle de culture a diminué de 33 au 26,5°C durant cette expérience ; elle était en moyenne de 30±0,8°C (n=8) ; la température des cultures a diminué de 32 à 26,5°C en passant par un pic à 33°C au 9ᵉ jour (Figure 31); elle était en moyenne de 30±0,7°C. Ces valeurs de température sont basses par rapport à l'optimum pour la bonne croissance de l'algue Spiruline mais elles sont dans la limite de sa tolérance.

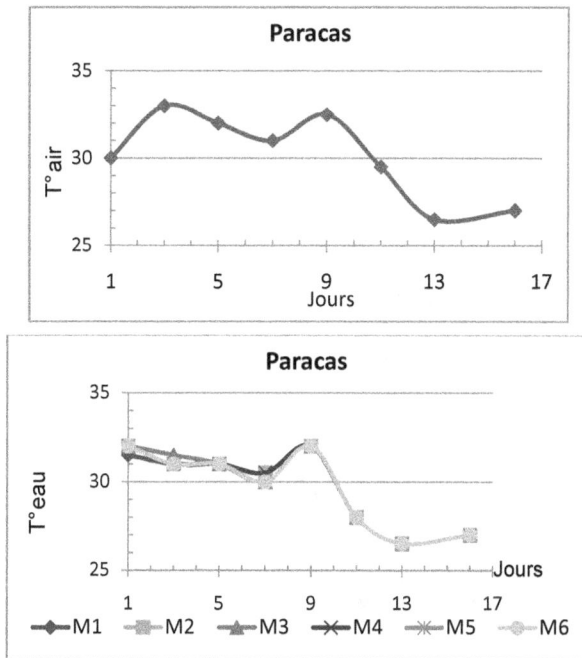

Figure 31 : Evolution de la température de l'air et de l'eau de chaque milieu de culture

La salinité moyenne des milieux de culture varie de 46±1,6 à 51±2 g l⁻¹ (Tableau 15). La différence au départ est due au traitement fait à l'eau de mer. Puis c'est l'évaporation qui va l'augmenter pendant la période d'expérience. On constate que la différence de salinité, sauf exception, se conserve avec le temps.

Tableau 15 : Valeurs moyennes de salinité de chaque milieu de culture (M1 à M6) durant l'expérience

	M1	M2	M3	M4	M5	M6
Salinité moyenne (g l⁻¹)	46 ±1,6 (n = 8)	46 ±1,7 (n = 8)	47 ±1,5 (n = 8)	49 ±2 (n = 8)	49 ±2 (n = 8)	51 ±2 (n = 8)

Le pH moyen de chaque milieu varie de 9,41 à 9,83 ±0,02. La

différence au départ est fonction du traitement effectué à l'eau de mer. Dans le temps le pH de chaque culture augmente sauf en milieu 1 (eau de mer sans traitement ni enrichissement) où il diminue de 9,81 à 9,32 (Figure 32).

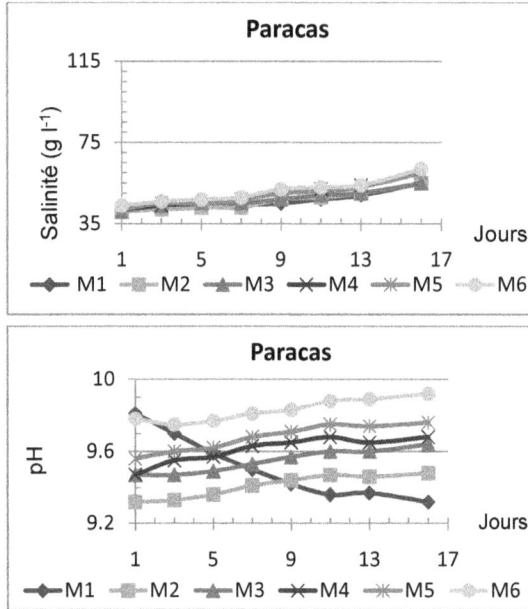

Figure 32 : Evolution de la salinité et du pH de chaque milieu de culture

Evolution de la biomasse

Les biomasses maximales atteintes en spires par millilitre varient en fonction du milieu ; elles sont entre 1.2 10^6 (M1) à 2 10^6 spires m l^{-1} (M6). On constate qu'en général, le nombre de spires augmente en fonction du degré de traitement (Tableau 16 et Figure 33).

La biomasse en poids sec obtenue dans les 6 milieux varie de 0,31±0,02 à 0,70±0,07 g l^{-1}. On constate qu'elle augmente aussi en fonction de degré de traitement (Tableau 16).

Tableau 16 : Poids sec moyen PS (g l^{-1}) et nombre moyen de spires par millilitre dans chaque milieu (M1 à M6) pendant l'expérience.

	M1	M2	M3	M4	M5	M6
PS (g l^{-1})	0,31 ±0,02 (n = 8)	0,38 ±0,06 (n = 8)	0,33 ±0,04 (n = 8)	0,43 ±0,06 (n = 8)	0,57 ±0,07 (n = 8)	0,70 ±0,07 (n = 8)
Spires ml^{-1} x10.000	91 ± 6 (n = 8)	105 ±9 (n = 8)	105 ±11 (n = 8)	110 ±9 (n = 8)	124 ±15 (n = 8)	1391 ±15 (n = 8)

Les courbes de la Figure 33 montrent que dans chaque milieu, la biomasse augmente en fonction du temps. La diminution de cette biomasse observée dans les milieux M1 et M2 provient de l'élimination des précipités qui se forment pendant l'ensemencement accompagnée d'une perte accidentelle de biomasse.

En ce qui concerne le poids sec, on constate l'augmentation nette en fonction du degré de traitement de l'eau de mer Figure 33.

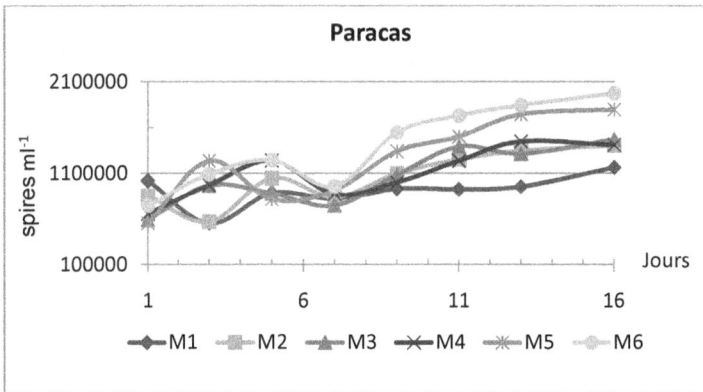

Figure 33a : Evolution de la biomasse en spires par ml dans différents milieux de culture M1 à M6.

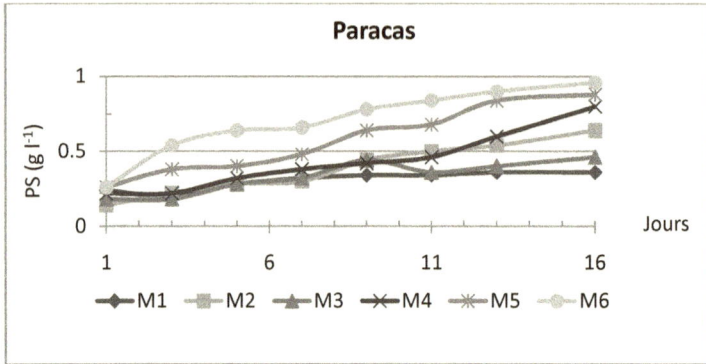

Figure 33b : Evolution de la biomasse en poids sec par l (PS g l^{-1}) dans différents milieux de culture M1 à M6.

Taux de croissance et production

Tableau 17 : Valeurs minimales ($_{min}$), maximales ($_{max}$) et moyenne ($_{moy}$) (±) du taux de croissance (μ) calculé à partir des spires et du poids sec (PS) et de la production (P) dans différents milieux M1 à M6.

	M1	M2	M3	M4	M5	M6
μ_{moy} Spires	0,01 ±0,08 (n = 7)	0,05 ±0,08 (n = 7)	0,09 ±0,06 (n = 7)	0,08 ±0,06 (n = 7)	0,12 ±0,09 (n = 7)	0,1 ±0,06 (n = 7)
μ_{min} - μ_{max} Spires	0 – 0,3	0 – 0,14	0 – 0,4	0 – 0,3	0,0 – 0,6	0,0 – 0,3
μ_{moy} PS	0,04 ±0,04	0,15 ±0,04	0,09 ±0,05	0,12 ±0,03	0,12 ±0,03	0,13 ±0,06
μ_{min} - μ_{max} PS	0 – 0,2	0,0 – 0,3	0,0 – 0,3	0 – 0,3	0 – 0,3	0,0 – 0,5
P (g l^{-1} j^{-1})	0,01 ±0,01	0,03 ±0,01	0,02 ±0,01	0,04 ±0,01	0,04 ±0,01	0,05 ±0,02
P_{min} - P_{max}	0 – 0,0	0 – 0,1	0 – 0,1	0 – 0,1	0 – 0,1	0 – 0,1

On constate d'après ce Tableau 17 que le taux de croissance μ et la production P augmentent en fonction de degré de traitement de l'eau de mer.

Expérience avec la souche Malgache en (2004)

Evolution des paramètres physiques et chimiques

La température moyenne de l'air ambiant dans la salle de culture était de 31±0,6°C (n=8).

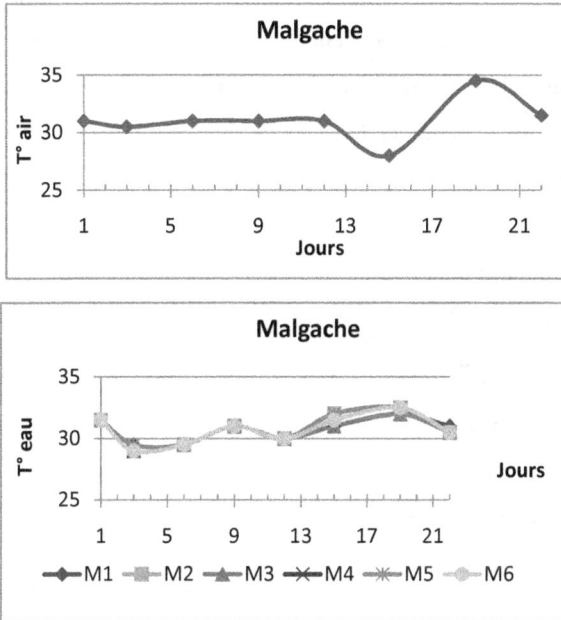

Figure 34 : Evolution de la température de l'eau et de l'air dans chaque milieu M1 à M6

Les 12 premiers jours de l'expérience sont marqués par une température stable autour de 31°C. Des fluctuations sont constatées à partir des jours suivants, pendant lesquels la température diminue en un premier temps de 31 à 28°C puis augmente à la fin de 31,5°C (Figure 34).

Les températures moyennes de l'eau dans chaque lot de culture étaient très proches autour de 31±0,4°C. Des variations de la température ont été observées durant cette expérience (Figure 34). Au départ la

93

température de chaque lot de culture était identique, 31,5°C puis une alternance de diminutions et d'augmentations est observée entre 29 et 32,5°C. Ces valeurs ne gênent pas la croissance de la Spiruline.

Les valeurs moyennes de la salinité sont différentes d'une culture à l'autre, comprises entre 66±3 à 75±6 g l^{-1} (Tableau 18). Globalement, la salinité des cultures augmente progressivement de 57 à 110 g l^{-1} selon le milieu. Les 12 premiers jours sont marqués par des valeurs de salinité très proches d'un milieu à l'autre. A partir du 13e jour, le décalage devient de plus en plus important (Figure 35).

Tableau 18 : Valeurs moyennes de la salinité de chaque milieu de culture (M1 à M6) durant l'expérience

	M1	M2	M3	M4	M5	M6
Salinité moyenne (g l^{-1})	72±7 (n = 8)	66±3 (n = 8)	74±7 (n = 8)	71±5 (n = 8)	68±4 (n = 8)	75±6 (n = 8)

La valeur moyenne du pH de chaque culture varie entre 9,54±0,05 à 9,91±0,02 (Tableau 19). Cette différence est en relation avec le degré de traitement de l'eau de mer.

Tableau 19 : Valeurs moyennes du pH de chaque milieu de culture (M1 à M6) durant l'expérience

	M1	M2	M3	M4	M5	M6
pH moyen	9,54±0,05 (n = 8)	9,56±0,02 (n = 8)	9,63±0,0 2 (n = 8)	9,71±0,01 (n = 8)	9,79±0,02 (n = 8)	9,91±0,02 (n = 8)

Au départ de la culture, la valeur du pH de chaque lot est comprise entre 9,63 à 9,85 (Figure 35). Le pH de M5 et M6 augmente légèrement, respectivement de 9,72 à 9,82 et 9,85 à 9,93. Quant à M3, son pH est resté constant autour de 9,74 les 9 premiers jours suivi d'une légère diminution de 9,74 à 9,68. Une alternance d'augmentation et légère diminution de pH est observée pour M4 de 9,63 à 9,59 alors que pour M1 et M2, apparaît une diminution relativement importante, respectivement de 9,81 à 9,39 et 9,68 à 9,54.

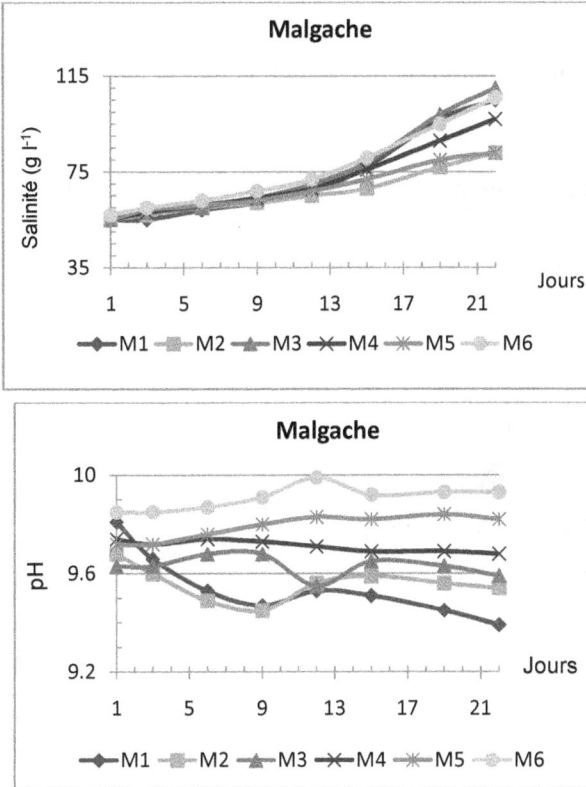

Figure 35 : Evolution de la salinité et du pH de l'eau de chaque milieu de culture

Evolution de la biomasse

La biomasse moyenne exprimée en poids sec par litre varie de 0,32±0,05 à 0,59±0,09 g l^{-1} (Figure 36). On constate une tendance à l'augmentation de la biomasse en fonction du degré de traitement de l'eau de mer. Une exception est à noter dans le milieu M1 dont la biomasse moyenne

(0,42±0,05 g l^{-1}) est supérieure à celle de M2 (0,32±0,05 g l^{-1}), de même pour M3 (0,52±0,07 g l^{-1}) légèrement supérieure à celle de M4 (0,49±0,07gl^{-1}).

On constate aussi qu'à partir du milieu M3 à M6, la biomasse moyenne est très proche autour de 0,5 g l^{-1}.

Tableau 20 : Valeurs moyennes de biomasse en poids sec (PS g l^{-1}) et en nombre moyen de spires par ml dans différents milieux de culture M1 à M6.

	M1	M2	M3	M4	M5	M6
PS (g l^{-1})	0,42 ±0,05 (n = 8)	0,32 ±0,05 (n = 8)	0,52 ±0,07 (n = 8)	0,49 ±0,07 (n = 8)	0,54 ±0,06 (n = 8)	0,59 ±0,09 (n = 8)
Spires ml^{-1} x 10 000	79 ±13 (n = 8)	62 ±7 (n = 8)	79 ±13 (n = 8)	70 ±8 (n = 8)	105 ±18 (n = 8)	125 ±23 (n = 8)

Des variations de biomasse en fonction du temps ont été remarquées. Au départ de la culture, la biomasse est comprise entre 0,18 à 0,5 g l^{-1} (Figure 36). La diminution de biomasse dans M1 et M2 au deuxième jour est due à la perte de Spiruline morte ne supportant pas le milieu nouveau. Elle est déposée au fond de récipient associée à des précipités qui se sont formées pendant l'ensemencement. Dans les autres milieux, la biomasse augmente progressivement atteignant à la fin de culture à des valeurs variant de 0,58 à 0,90 g l^{-1} selon le milieu de culture (Figure 36).

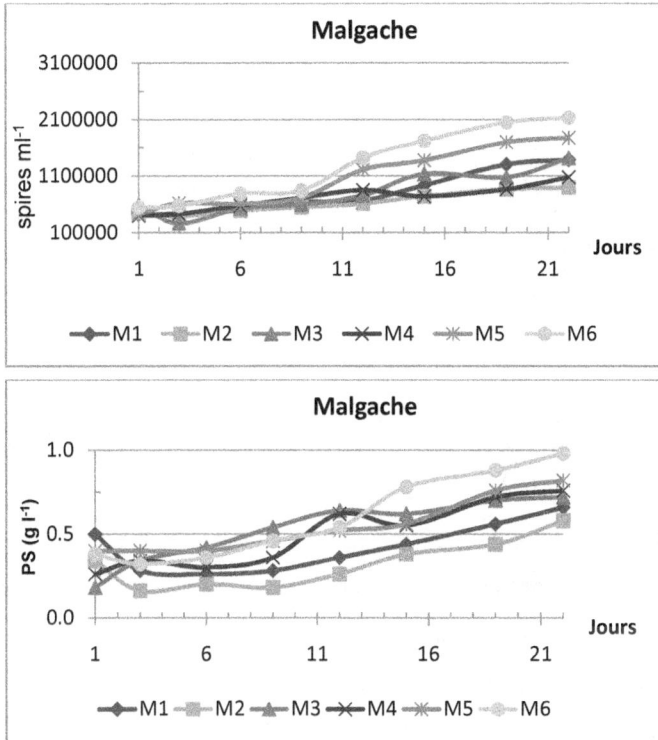

Figure 36 : Evolution de la biomasse en spires par ml et en poids sec par l (PS g l^{-1}) dans différents milieux d'eau de culture

Taux de croissance et production

Le taux de croissance de la Spiruline et sa production augmentent en fonction du degré de traitement de l'eau de mer. Ces 2 paramètres qui reflètent l'état de santé de la culture sont satisfaisants à partir du traitement M3 (Tableau 21).

Tableau 21 : Valeurs minimales ($_{min}$), maximales ($_{max}$) et moyenne ($_{moy}$) ($\pm$) du taux de croissance (μ) calculé à partir des spires et du poids sec (PS) et de la production (P) dans différents milieux M1 à M6.

	M1	M2	M3	M4	M5	M6
μ_{moy} Spires	0,08 ±0.02 (n = 7)	0,04 ±0,03 (n = 7)	0,07 ±0,03 (n = 7)	0,07 ±0,03 (n = 7)	0,11 ±0,04 (n = 7)	0,09 ±0,03 (n = 7)
μ_{min}- μ_{max} Spires	0,01– 0,2	0– 0,1	0– 0,1	0 – 0,1	0 – 0,3	0 – 0,3
μ_{moy} PS	0 ±0.07	0,01 ±0,1	0,11 ±0,06	0,08 ±0,05	0,04 ±0,02	0,06 ±0,04
μ_{min}- μ_{max} PS	0 – 0,1	0 – 0,2	0 – 0,5	0 – 0,3	0 – 0,1	0 – 0,2
P(g $l^{-1}j^{-1}$)	0,001 ±0,02	0,01 ±0,02	0,03 ±0,01	0,02 ±0,02	0,02 ±0,01	0,03 ±0,01
P_{min}- P_{max}	0-0,03	0 – 0,05	0 – 0,1	0 – 0,1	0 – 0,1	0 – 0,1

Comparaison des biomasses obtenues dans les deux souches [Paracas et Toliara (Locale)] à la fin de l'expérience de culture

La Figure 37 présente la biomasse (g l^{-1}) obtenue des deux souches en fin d'expérience. On constate qu'en eau de mer de faible degré de traitement (M1), la biomasse obtenue de souche « Locale » est légèrement plus importante que celle de « Paracas ». Cette situation est inverse en eau de mer à fort degré de traitement (M5 et M6), la biomasse finale obtenue de la souche « Paracas » est supérieure à celle de la souche « Locale ».

On remarque aussi qu'à partir des milieux M3 à M6, l'augmentation de biomasse obtenue en fonction de traitement de l'eau de mer est nette (entre 0,33 à 0,7 g l^{-1}) pour la souche « Paracas » alors que pour la souche « Locale » la biomasse obtenue à la fin d'expérience est très proche (entre 0,5 à 0,6 g l^{-1}).

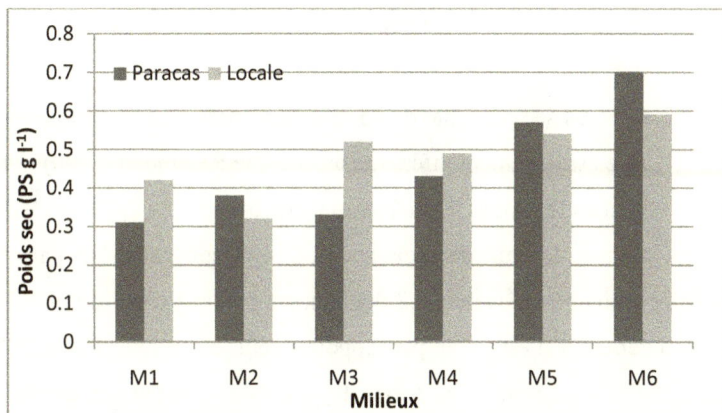

Figure 37 : Histogramme de biomasse (g l⁻¹) obtenue de deux souches à la fin d'expérience à chaque milieu de culture (M1 à M6)

Conclusion

La précipitation de calcium et de magnésium et les enrichissements de l'eau de mer permettent d'augmenter la production de Spiruline. En effet, si on compare les résultats du traitement complet (M6) avec un traitement très faible mais accompagné d'un enrichissement (M2 ou M3) on constate que la biomasse de Paracas augmente de 71 % et celle de la souche locale de 50%.

3.5 Discussion

3.5.1 *Comparaison des productions et récoltes avec celles de la littérature*

Bassin de 10 m² en EMTE (2002-2003)

Dans ce bassin, la production moyenne exprimée en poids sec par unité de surface est de 4,2 g m⁻² j⁻¹. Elle est comparable à celle obtenue par Olguin, et al. (1997) dans une série de 7 cycles de 7 jours de culture semi-continue pendant 50 jours en bassin à ciel ouvert de 16 m². Le milieu de culture était de l'eau de mer enrichie avec de l'effluent provenant de la digestion anaérobie de déchet de porc. Il a obtenu une production variant de 4,3 à 8,5 g m^{-2} j^{-1}.

Exprimée en poids sec par unité de volume, ma production moyenne est de 34 g l^{-1} j^{-1}. Elle est largement inférieure à celle que Richmond (1990) in Lee (2001) a obtenue (180 mg l^{-1}j^{-1}) en bassin à ciel ouvert.

Dans ma culture, le taux de croissance μ, qu'il soit calculé à partir de nombre de spires (en moyenne 0,2 doublement j^{-1}) ou à partir du poids sec (0,13 doublement j^{-1}) est faible par rapport à celui obtenu par Chen (1996) in Lee (2001), sur *Spirulina platensis*. Ils ont obtenu un taux de croissance jusqu'à 0,67 doublement par jour.

Le taux de croissance μ de ma culture est également faible par rapport à celui obtenu par Phang, et al. (2000) en Malaisie. Ils ont testé la croissance de 4 collections de souche de *Spirulina platensis* sur deux milieux : milieu inorganique de Kosaric (Phang, 1999) et l'effluent de digestion de sago. Avec le premier milieu, dans des bassins de 0,71 m², il a obtenu des taux de croissance variant de 0,47 à 0,62 doublement j^{-1} sur les 4 collections alors qu'avec le deuxième milieu il a obtenu des taux de croissance légèrement inférieurs variant de 0,44 à 0,57 doublement j^{-1}.

Le même auteur avec le même milieu de culture a démontré que l'augmentation de la vitesse de circulation d'eau de 12 à 24 cm s^{-1} a accru le taux de croissance de 0,55 à 0,60 doublement j^{-1} et la production de 12 à 18 g m^{-2}j^{-1} , si l'on ajoute 10 mM d'urée et 1,05 mM de phosphore. L'augmentation de vitesse de circulation d'eau améliore la disponibilité cellulaire de la lumière et du nutriment.

Erlènmeyer de 5 l en lumière naturelle et milieux EMTE et EDE

La production moyenne en EMTE et EDE exprimée en mg $l^{-1}j^{-1}$ est respectivement 28 et 24. Ces productions sont supérieures à celles obtenues par Carlota de Oliveira (2004) au Brésil dans des Erlenmeyers et en milieu de culture classique soumis à la lumière de 1400 lux : avec l'urée (500 mg l^{-1}) comme source d'azote, il a obtenu 22,7 mg $l^{-1} j^{-1}$ alors qu'en utilisant le nitrate de potassium (2,57 g l^{-1}) la production était 23,9 mg $l^{-1}j^{-1}$. Par contre, ce même auteur avec les mêmes milieux de culture mais en augmentant l'intensité lumineuse à 5600 lux, a obtenu une production largement supérieure à la mienne. En utilisant l'urée comme source d'azote, il a obtenu 114,4 mg $l^{-1} j^{-1}$ alors qu'avec du nitrate de potassium, la production est de 110,5 mg $l^{-1}j^{-1}$.

Bassin de 10 m² en milieux EMTE et EDE (2003-2004)

Rappelons que dans ces deux milieux, les taux de croissance calculés à partir du nombre de spires étaient de 0,1 doublement j^{-1} en EMTE et 0,14 doublement j^{-1} en EDE alors qu'à partir du poids sec 0,05 doublement j^{-1} en EMTE et 0,09 doublement j^{-1} en EDE.

Le taux de croissance calculé à partir du nombre de spires est comparable à ceux obtenus par Faucher, et al. (1979) dans l'eau de mer traitée sans enrichissement. Avec ce milieu, ils ont obtenu le taux de croissance de 0,13 doublement j^{-1} pendant les trois premiers jours et celui-ci a diminué à 0,03 doublement j^{-1} jusqu'au 9e jour.

> Ils ont travaillé sur l'effet du traitement de l'eau de mer sur la croissance de *Spirulina maxima*. L'eau de mer a été traitée avec 19 g l⁻¹ de carbonate ou bicarbonate de soude à pH 9,2 à la température de 35°C pendant 2 h. Après filtration pour enlever les précipités, on obtient l'eau de mer traitée.

Par contre ce taux (0,1 doublement j^{-1}) est légèrement inférieur à celui obtenu par les mêmes auteurs quand l'eau de mer traitée était enrichie avec 0,5 g l^{-1} de phosphate (K_2HPO_4), 3,0 g l^{-1} de nitrate ($NaNO_3$). Ils ont obtenu un taux de croissance de 0,2 doublement j^{-1}. Il est également inférieur à celui obtenu avec ces mêmes auteurs dans le milieu Zarrouk (0,23 doublement j^{-1}).

Conclusion

La production 2 à 4 g m^{-2} j^{-1} est faible comparé à celle observée dans la littérature. Mais si l'on compare aux autres aliments classiques, elle est plus importante que la production du riz, maïs, haricot par unité de surface.

3.5.2 *Comment expliquer cette faible production*

Cette faiblesse est probablement due aux conditions de culture. En effet, plusieurs facteurs (physiques, chimiques, climatiques) interagissent avec le milieu de culture et ont des effets sur la croissance de la Spiruline. Selon Olguin (2000) les facteurs notamment la température, la salinité, la solubilité des gaz et la disponibilité des nutriments dans le milieu de culture influencent non seulement la productivité mais aussi la composition chimique de la Spiruline.

La température

Durant mes cultures, bien que la température fût au-dessus des valeurs limites tolérées par la Spiruline 20°C (Zarrouk, 1966), elle était située en dessous de la valeur optimale 35°C.

Vonshak (1997b) a étudié l'effet de la température sur l'activité photosynthétique de la Spiruline. Il a constaté qu'en dessous de la valeur optimale 35°C, l'activité photosynthétique de la cellule diminue.

Le pH et le CO_2

Les organismes photosynthétiques qui vivent en milieu aquatique peuvent trouver leur source de carbone à partir de bicarbonate. Dans le milieu de culture le bicarbonate se trouve réparti suivant plusieurs formes carbonées en équilibre entre elles :

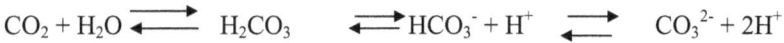

$$CO_2 + H_2O \rightleftarrows H_2CO_3 \rightleftarrows HCO_3^- + H^+ \rightleftarrows CO_3^{2-} + 2H^+$$

Le déplacement de cet équilibre dépend du pH du milieu, de la pression partielle de CO_2 atmosphérique et de la température.

Dans le cadre de la photosynthèse le pH peut intervenir de deux façons distinctes :

- influençant les diverses processus du métabolisme algal, le pH peut intervenir en particulier dans l'activité photosynthétique de l'algue

- mais de plus, le pH intervient indirectement dans la photosynthèse en déterminant la répartition de divers composants du système carboné : CO_2, H_2CO_3, HCO_3^- et CO_3^{2-}.

L'équation globale simplifiée de la photosynthèse chez la Spiruline peut s'écrire :

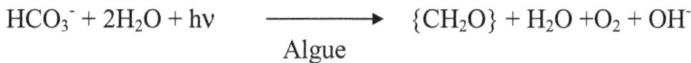

$$HCO_3^- + 2H_2O + h\nu \xrightarrow{\text{Algue}} \{CH_2O\} + H_2O + O_2 + OH^-$$

L'ion HCO_3^- se dissocie au niveau de la cellule algale en CO_2 nécessaire à la photosynthèse. L'hydrogène, extrait de l'eau se combine au gaz carbonique après avoir libéré de l'oxygène pour constituer une nouvelle matière organique. OH^- est aussi libéré dans le milieu. C'est une réaction très complexe qui a besoin de l'énergie fournie par la lumière car

103

les atomes d'hydrogène sont fortement liés à leur atome d'oxygène dans l'eau et la molécule de gaz carbonique ne se laisse pas facilement disloquer en perdant des atomes d'oxygène.

La salinité

La Spiruline montre une grande tolérance vis à vis de la teneur en sels du milieu. Claude Zarrouk a affirmé que entre 7 et 56 g l^{-1}, la salinité du milieu de culture n'intervient pas sur la vitesse de croissance de la Spiruline et jusqu'à 72,5 g l^{-1} sa croissance est encore acceptable (Zarrouk, 1966).

La souche de Spiruline utilisée est prélevée dans le milieu naturel (lacs Belalanda) dont la salinité atteint en certaines périodes de l'année jusqu'à 70 g l^{-1} par évaporation. Elle est ensuite adaptée progressivement à la culture en eau de mer. Si la salinité de certaines eaux saumâtres est voisine de celle de l'eau de mer, la répartition des sels par contre peut différer considérablement dans les deux cas. La Spiruline montre également une tolérance à la répartition de ces sels. Cette relative tolérance n'est pas exceptionnelle, elle est une caractéristique commune à de nombreuses Cyanophycées.

Pendant la préparation du milieu de culture, le traitement de l'eau de mer fait augmenter sa salinité de 35 à 42 g l^{-1}. Durant la culture, la Spiruline est soumise à une augmentation progressive de la salinité par l'évaporation. La Spiruline admet très bien les variations lentes, progressives mais elle est détruite à la suite de variations brutales.

Vonshak (1997) a démontré que la Spiruline exposée à haute concentration en NaCl non seulement entre immédiatement en cessation de croissance, mais sa biomasse diminue pendant au moins 24 h après cette exposition.

Dans mes cultures, l'adaptation de la souche « Toliara » était faite par addition progressive du milieu de culture eau de mer traitée et enrichie afin d'éviter le choc osmotique. C'est à ce moment là que se produit le stress de salinité annoncé par Vonshak, mais l'effet de ce choc était amoindri du fait qu'il s'agissait d'une adaptation progressive. De plus, la culture proprement dite était réalisée longtemps après l'adaptation. La souche était par conséquent bien adaptée au milieu marin. Pendant l'ensemencement, les paramètres physiques et chimiques très proches des deux milieux et la pratique d'acclimatation en cas de différence évitaient le choc.

Bien que la souche utilisée fût bien adaptée à la haute salinité, elle était en lutte osmotique permanente ce qui a eu une influence sur sa croissance car il s'agit d'un processus demandant une consommation d'énergie (Zeng, Vonshak, 1998) : les cellules sont en compétition pour l'utilisation de l'énergie entre la biosynthèse et la régulation osmotique interne.

Vonshak (1997a) a démontré que l'activité photosynthétique de la Spiruline diminue sous le stress de la salinité, même si elle croît continuellement dans l'environnement salin et s'adapte à ce milieu. Cette diminution est associée à une modification de la demande cellulaire en énergie lumineuse, c'est à dire qu'elle a besoin de moins de lumière pour saturer la photosynthèse.

L'exposition à un choc osmotique dégrade le fonctionnement de certains organes cellulaires de la Spiruline. Même après une adaptation, l'effet de la dégradation perdure. Vonshak a affirmé qu'après une période d'adaptation, le taux de croissance se rétablit et se stabilise à un niveau plus bas que celui de l'état normal.

Zeng, Vonshak (1998) confirment cette hypothèse en affirmant que la Spiruline soumise à un choc osmotique (exposition brutale à une forte salinité) résiste beaucoup moins bien à l'exposition à une forte intensité lumineuse.

Le stress de salinité peut se produire aussi dans le milieu de culture classique lors de la production continue de Spiruline dans les bassins à ciel ouvert. Il en est de même dans le milieu naturel sous une haute intensité lumineuse. Dans les deux cas, l'évaporation prolongée augmente la salinité du milieu. Elle devient stressante accompagnée de photoinhibition de la photosynthèse. La Spiruline s'adapte à ce stress par une augmentation de métabolisme cellulaire en carbohydrate (Zeng, Vonshak, 1998)

Le Ca et le Mg

Dans ce travail aussi, l'effet du traitement de l'eau de mer a été testé sur la croissance des Spirulines de souche « Paracas » et « Toliara ». L'effet positif du traitement de l'eau de mer sur la production de Spiruline peut s'expliquer par sa contribution à :

- résoudre le problème d'intolérance de ce microorganisme à la concentration élevée en Ca et Mg en eau de mer
- augmenter le pH de l'eau de mer qui intervient dans l'activité photosynthétique de la Spiruline
- favoriser la disponibilité nutritionnelle en particulier de HCO_3^- dans ce milieu.

3.5.3 *Bilans de N et P dans les milieux de culture*

Nos cultures ont été enrichies en N et P, et il est intéressant pour optimiser notre système de culture de savoir quelles sont les proportions de N et P qui ont été réellement utilisées.

Culture en EMTE dans le bassin de 10 m² en 2003-2004

- **Bilan d'azote**

L'azote présent dans le bassin provient de l'azote existant dans l'eau de mer, considéré comme négligeable ; de l'azote ajouté sous forme d'urée $[CO(NH_2)_2]$ et de phosphate monoammonique $[NH_4H_2PO_4]$ au début de la culture ; de l'azote ajouté sous forme d'urée chaque jour pendant la culture excepté quand les bassins dégageaient une odeur d'ammoniac ; de l'azote ajouté sous forme d'urée et de phosphate monoammonique après chaque récolte.

Au départ, le milieu de culture est enrichi avec 0,2 g l^{-1} d'urée et 0,5 g l^{-1} de phosphate monoammonique. Ces deux produits apportent au milieu respectivement 6 et 4,3 10^{-3} atomes N l^{-1}. Compte tenu du volume initial de 1400 litres de culture, on a donc ajouté **14,4** atomes d'azote.

Pendant les 120 jours de culture, j'ai rajouté 1060 g d'urée (à raison de 2,8 g d'urée par m^2 de bassin en l'absence d'odeur ammoniaquée) soit **17,6** atomes d'azote.

Après chaque récolte, au nombre de 8, j'ai rajouté 2,8 g d'urée par m^2 de bassin et 50 g de phosphate monoammonique par kg de Spiruline récolté (en moyenne 0,2 kg). Cela représente 7,4 atomes d'azote provenant de l'urée et 0,7 atomes d'azote provenant du phosphate monoammonique soit au total **8,1** atomes de N.

On a donc utilisé au total **40,1** atomes d'azote pour la culture et on a récolté 2113 g de Spiruline équivalent à 253,6 g d'azote de Spiruline (en utilisant la teneur en N de la Spiruline de 12%) soit **18** atomes d'azote. La Spiruline a utilisé environ **45%** de l'azote disponible.

107

- Bilan du phosphore

Le phosphore présent dans le bassin provient du phosphore existant dans l'eau de mer, considéré comme négligeable ; du phosphore ajouté sous forme de phosphate monoammonique [$NH_4H_2PO_4$] au début de la culture ; du phosphore ajouté sous forme de phosphate monoammonique et de phosphate dipotassique [K_2HPO_4] après chaque récolte.

Au départ le milieu de culture est enrichi avec 0,5 g l^{-1} de phosphate monoammonique soit 4,3 10^{-3} atomes l^{-1} de P. Ce qui pour un volume initial de 1400 l correspond à **6,1** atomes de P.

Après chaque récolte, au nombre de 8, j'ai rajouté 50 g de phosphate monoammonique et 40 g de phosphate dipotassique par kg de Spiruline récolté (en moyenne 0,2 kg). Cela représente au total **1,1** atomes de P.

On a donc utilisé au total atomes **7,2** atomes de phosphore pour la culture et on a récolté 2113 g de Spiruline équivalent à 16,9 g de phosphore de Spiruline (en utilisant la teneur en P de la Spiruline de 0.8 %) soit **0,54** atomes de phosphore. La Spiruline a utilisé environ 8 % du phosphore disponible.

Culture en EDE dans le bassin de 10 m² en 2003-2004

- Bilan d'azote

L'azote présent dans le bassin provient de l'azote existant dans l'eau douce, considéré comme négligeable ; de l'azote ajouté sous forme d'urée [$CO(NH_2)_2$] et de phosphate monoammonique [$NH_4H_2PO_4$] au début de la culture ; de l'azote ajouté sous forme d'urée chaque jour pendant la culture excepté quand les bassins dégageaient une odeur d'ammoniac ; de l'azote ajouté sous forme d'urée et de phosphate monoammonique après chaque récolte.

Au départ, le milieu de culture est enrichi avec 0, 02 g l^{-1}d'urée et 0,1 g l^{-1} de phosphate monoammonique. Ces deux produits apportent au milieu respectivement 0,7 et 0,9 10^{-3} atomes N l^{-1}. Compte tenu de volume initial de 1040 litres de culture, on a donc ajouté **1,6** atomes d'azote.

Pendant les 120 jours de culture, j'ai rajouté 577 g d'urée (à raison de 2,8 g d'urée par m^2 de bassin en l'absence d'odeur ammoniaquée) soit **19,2** atomes d'azote.

Après chaque récolte, au nombre de 7, j'ai rajouté 2,8 g d'urée par m^2 de bassin et 50 g de phosphate monoammonique par kg de Spiruline récolté (en moyenne 0,25 kg). Cela représente **6,6** atomes d'azote provenant de l'urée et **0,7** atomes d'azote provenant du phosphate monoammonique.

On a donc utilisé au total **28.1** atomes d'azote pour la culture et on a récolté 1932 g de Spiruline équivalent à 231,8 g d'azote de Spiruline (en utilisant la teneur en N de la Spiruline de 12 %) soit **17** atomes d'azote. La Spiruline a utilisé environ **60** % de l'azote disponible.

- Bilan de phosphore

Le phosphore présent dans le bassin provient du phosphore existant dans l'eau douce, considéré comme négligeable ; du phosphore ajouté sous forme de phosphate monoammonique et de phosphate dipotassique au début de la culture ; du phosphore ajouté sous forme de phosphate monoammonique et de phosphate dipotassique après chaque récolte.

Au départ le milieu de culture est enrichi avec 0,1 g l^{-1} de phosphate monoammonique et 0,1 g l^{-1} de phosphate dipotassique soit 1,3 10^{-3} atomes l^{-1} de P. Ce qui pour un volume initial de 1040 l correspond à **1,5** atomes de P.

Après chaque récolte, au nombre de 7, j'ai rajouté 50 g de phosphate monoammonique et 40 g de phosphate dipotassique par kg de

Spiruline récolté (en moyenne 0,25 kg). Cela représente au total **1,2** atomes de P.

On a donc utilisé au total atomes **2,7** atomes de phosphore pour la culture et on a récolté 1932 g de Spiruline équivalent à 15,5 g de phosphore de Spiruline (en utilisant la teneur en P de la Spiruline de 0.8 %) soit **0,5** atomes de phosphore. La Spiruline a utilisé environ 19 % du phosphore disponible.

Conclusions sur ces bilans

Tableau 22 : Azote et phosphore utilisé et récolté (atomes) dans les expériences réalisées dans les bassins EMTE et EDE en 2003-2004

	N utilisé	N récolté	% utilisé	P utilisé	P récolté	% utilisé
EMTE	40,1	18	**45**	7,2	0,54	**8**
EDE	28,1	17	**60**	2,7	0,50	**19**

Dans l'eau de mer, on a utilisé 1,5 fois plus d'azote et 2,7 fois plus de phosphore que dans l'eau douce pour une récolte voisine.

On peut donc diminuer le coût de la culture en eau de mer en diminuant de moitié les enrichissements en N et de 90 % ceux en P. Comment réduire les enrichissements ? Plusieurs solutions sont possibles : au début, chaque jour ou après chaque récolte.

La production journalière de la Spiruline est de l'ordre de 2 g m^{-2} ce qui correspond pour les bassins de 10 m^2 à 2,4 atomes de N et 0,16 atomes de P. Il faut donc que les enrichissements fournissent au moins cette quantité de N et de P chaque jour.

L'enrichissement en azote au départ (14,4 atomes N) permet d'assurer les besoins de la production pour 6 jours. Celui en P (6,1 atomes P) permet d'assurer les besoins de la production pour 38 jours.

L'ajout journalier ne concerne que l'azote et il est de 0,9 atomes N soit

38% des besoins de la production.

L'ajout après la récolte est de 2,8 g d'urée par m^2 de bassin, de 50 g de phosphate monoammonique et 40 g de phosphate dipotassique par kg de Spiruline récolté. Ce qui correspond pour 10 m^2 et une récolte moyenne de 0,2 kg, à 0,9 et 0,1 atomes de N et 0,1 et 0,04 atomes de P. Ce qui donne au total 1 atome de N et 0,14 atomes de P pour compenser une récolte correspondant à 1,7 atomes de N et 0,05 atomes de P. On constate que l'ajout en N est insuffisant, par contre celui en P est en excès (3 fois plus).

En conclusion, l'ajout en N est insuffisant par rapport à celui en P. Une partie non négligeable de l'azote ajouté disparaît par diffusion vers l'atmosphère sous forme d'ammoniac et une autre partie sous forme de N$_2$ par dénitrification. Ce qui peut expliquer les 45 % d'utilisation du stock d'azote ajouté.

3.6 Conclusions sur les cultures expérimentales

Les expériences faites ont montré que la culture de Spiruline souche locale en eau de mer est techniquement faisable. Le taux de croissance et la production obtenus en utilisant le milieu EMTE sont comparables à ceux obtenus en milieu de culture habituel EDE. Le produit obtenu en EMTE présente les éléments nutritionnels essentiels pour l'homme et les animaux. Bien que certains éléments soient en quantité faible par rapport à ceux dans la littérature, (vitamine), leur qualité nutritionnelle sur certains d'autres éléments (protéine, sel minéraux…) reste meilleure par rapport aux autres ressources alimentaires classiques. Cette diminution de teneur élémentaire est due à des conditions de culture, que l'on peut améliorer au cours de l'exploitation pour avoir un produit de bonne qualité. La production est faible par rapport à celle dans la littérature mais on peut augmenter la surface du bassin de culture pour avoir une biomasse importante.

4 CULTURE A L'ECHELLE DES COMMUNAUTES VILLAGEOISES

Cette partie a pour objectif de concevoir une stratégie pour développer la culture de la Spiruline dans les villages de la région de Toliara. Cette stratégie doit tenir compte de la structure et du fonctionnement des communautés villageoises (groupes ethniques et activités traditionnelles, pouvoirs décisionnels aux niveaux villageois et supra-villageois, aptitudes à l'innovation), de l'état de malnutrition de la population (particulièrement les enfants) et du coût de cette culture.

Je donne en annexe un développement détaillé sur le jeu complexe des pouvoirs qui ont autorité en milieu rural. Cela peut intéresser certains lecteurs qui veulent approfondir les raisons qui m'ont conduit à proposer ma stratégie.

4.1 Structure des communautés villageoises

4.1.1 *Groupes ethniques et activités traditionnelles*

Les populations du Sud-ouest appartiennent à un petit nombre de groupes ethniques parmi lesquels il convient de distinguer les autochtones (*tompontany*) qui jouissent d'un certain nombre de privilèges, notamment fonciers, et les migrants (*mpiavy*) qui doivent souvent accepter certaines formes de dépendance à l'égard des autochtones.

Les ethnies du Sud-ouest ne se définissent pas par des critères biologiques (il n'y a aucune différence physique repérable entre un Sakalava et un Mahafale par exemple), mais sur des critères politiques qui se prolongent souvent par des pratiques productives spécifiques.

Figure 38 : Carte des ethnies de Madagascar. Source :
http://www.madagascar-id.com/culture/les-18-ethnies-de-madagascar

Les Vezo se distinguent en ce sens qu'ils sont presque exclusivement
pêcheurs de mer. Les autres groupes sont éleveurs de bœufs (zébus) et
pratiquent une agriculture selon des procédés archaïques, dont la culture du
maïs sur brûlis (*hatsake*) pour l'alimentation des porcs de La Réunion. En
particulier les Tandroy, groupe de migrants originaires de la région

de l'Androy, colportent cette technique dans tout le pays.

Ces habitudes de vie pourront jouer en défaveur de l'adoption d'une nouveauté comme la culture de la Spiruline. Il y a une tendance de conservatisme caractérisé par une transmission de père en fils d'une même activité.

4.1.2 *Pouvoirs décisionnels*

Au niveau villageois

La base de la cohésion des communautés villageoises, dans le Sud-ouest de Madagascar, repose sur l'existence de relations de parenté et d'alliance définies par les notions de clan et de lignage. Ce que l'on appelle de façon très simplifiée le pouvoir traditionnel est une synthèse des interactions entre divers pouvoirs:

- Le *mpitoka* : Le chef de lignage *mpitoka* prend toutes les décisions importantes, n'a pas à justifier ces décisions et, normalement, est sûr d'être obéi sans discussion.

- *Les mpanarivo* , littéralement « ceux qui en ont mille » (sous entendu « mille bœufs »), sont devenus puissants économiquement, en marge du pouvoir lignager. En situation de crise économique, ce sont eux qui compensent les manques du pouvoir lignager, en fournissant les bœufs nécessaires aux cérémonies rituelles. Par une sorte de mécanisme de vases communicants, la perte de prestige des chefs lignagers est compensée par l'émergence du pouvoir des *mpanarivo*

- Les *ombiasy* (devin-guérisseurs) incarnent le pouvoir magique qui constitue une force souterraine importante, très redoutée. L'*ombiasy* est un conseiller très écouté par tous les décideurs.

- Les possédés (principalement   dans le cadre de la possession de type *tromba*) sont aussi des conseillers écoutés.

En pratique le *mpitoka hazomanga* du lignage le plus fort prend seul la décision sans avoir à la justifier. Au besoin il prend conseil auprès de notables lignagers (*olobe*).

Les présidents de *fonkontany* sont les agents de transmission entre le pouvoir central (*Fanjakana*) et le village. Désignés par le pouvoir central, ils sont aujourd'hui une autorité reconnue du fait de leur représentativité dans le village, incontournable pour tout projet à mettre en place au niveau du village.

Au niveau supra villageois

Lorsqu'elle met en jeu plusieurs villages, la prise de décision va du pouvoir lignager au pouvoir central en dernière extrémité. Soit le *mpitoka* du lignage le plus important emporte la décision, soit un conseil des *olobe* de différents lignages négocie de manière courtoise selon la tradition. A défaut d'aboutir à un consensus, on fait appel aux *mpizaka*, négociateurs professionnels reconnus, dont les décisions sont généralement acceptées comme équitables, selon des normes qui ne sont pas celles du droit moderne. En dernier recours, on se réfère aux *dina*, conventions collectives émanant du pouvoir central. Les *dina* jouent aussi le rôle d'instances judiciaires pouvant porter des affaires jusqu'aux Tribunaux.

Les décideurs interlocuteurs incontournables pour lancer un projet novateur comme la culture de Spiruline au niveau villageois sont le chef traditionnel le *mpitoka hazomanga* sans négliger le président du *fonkontany* représentant du pouvoir central (*Fanjakana*). Bien qu'actuellement, la valeur du pouvoir traditionnel s'abaisse en faveur du pouvoir d'Etat mais leur influence reste toujours. Si on veut un projet réussi, rien d'entre eux ne soit hostile dans ce genre d'activité.

4.1.3 *Aptitudes à l'innovation*

Les sociétés villageoises acceptent difficilement les innovations. Encourageant le respect des traditions, elles se méfient des innovations qui ne font pas partie de l'héritage transmis par les ancêtres. Un projet novateur ne sera définitivement adopté que si les décideurs locaux lui trouvent des avantages significatifs et le soutiennent explicitement.

4.1.4 *Organisations communautaires*

A Madagascar, dans chaque province, il y a le FID Fond d'Intervention pour le Développement et le PSDR programme de Soutien au Développement Rural. Dans chaque commune, le PCD Programme Communal de Développement et au village le PVD Programme villageois du Développement sur lesquels pourra s'appuyer la culture de Spiruline.

4.2 La malnutrition à Madagascar

4.2.1 *Etat nutritionnel de la population*

Madagascar figure parmi les pays les plus touchés par la malnutrition en Afrique subsaharienne (Vola, 2004); (Lova, 2004). La malnutrition chronique constitue un réel problème de santé publique et concerne une majeure partie de la population. Les foyers en difficulté alimentaire existent partout même en plein centre ville de la capitale Antananarivo. De plus, 65,5% de la population souffre d'insuffisance alimentaire chronique c'est à dire plus de la moitié des malgaches sont constamment en manque de nourriture. Les enfants comptent parmi les premières victimes de la malnutrition. Les statistiques sont effrayantes avec 50% d'enfants mal nourris ; ce pourcentage atteint 65% pour les moins de 2 ans. Parmi eux 25% présentent la forme sévère de malnutrition chronique.

La malnutrition s'installe dès le premier mois de la vie contribuant à une très forte mortalité infantile (Un bébé sur dix meurt la première année et un enfant sur six succombe avant d'avoir 5 ans). De plus, un enfant sur deux a des problèmes de retard de croissance (Vola, 2003).

La malnutrition chez les enfants de 6 mois à 5 ans apparaît sous deux formes : le marasme, plus connu en malgache sous le terme *alofisake* (l'enfant est très maigre et son rapport poids / taille est inférieur à 0,7) ; la Kwashiorkor ou *alobotry* (les enfants atteints de ce symptôme présentent des oedèmes sur tout leur corps). Ces deux manifestations de la malnutrition peuvent également s'associer sur un même enfant.

4.2.2 *Les régions du sud de Madagascar*

En ressource nutritionnelle, le Sud de Madagascar peut être subdivisé en deux zones : la zone Sud Ouest et littorale, la zone dite «Androy».

Le Sud Ouest et le littoral

Dans ces zones, il ne semble pas y avoir de problème très grave, notamment grâce aux possibilités offertes par la nature. Ainsi la mer offre de bonnes sources en protéines et la forêt, là où elle subsiste encore, offre d'excellents compléments alimentaires, ce qui encourage la pratique de la chasse-cueillette.

Pendant longtemps la pratique de la chasse-cueillette a été considérée comme un mode de survie. Or d'après (Roussel, 1998), si l'on compare les sociétés vivant de chasse-cueillette et celles pratiquant une agriculture primitive, il apparaît que l'effort nécessaire pour assurer les besoins alimentaires n'est pas sensiblement différent et que les conditions de vie sont comparables.

> La cueillette est pratiquée pendant les périodes difficiles. Cela est valable pour de nombreuses communautés : en Guyane française par exemple, chez les Aluku, la cueillette est également perçue dans un esprit de dépannage, de gourmandise (Fleury, 1991).
>
> Le recours à la cueillette ou à la chasse persiste dans la plupart des communautés agricoles et même au sein de sociétés fortement urbanisées et industrialisées que ce soit par nécessité, pour des raisons commerciales ou, enfin, simplement pour des plaisirs, par goût, par tradition (Roussel, 1998).
>
> Les fruits sont souvent consommés comme friandises. Ils assurent cependant un complément en vitamine et en provitamine essentielle pour des bons équilibres alimentaires, surtout pour les enfants.

Cependant, les ressources naturelles doivent être exploitées avec précaution si l'on veut assurer leur renouvellement. Mais l'explosion démographique pendant la seconde moitié du 20ᵉ siècle a provoqué des mauvaises pratiques (par exemple l'abus de la culture sur défriche-brûlis en forêt) et une surexploitation de ces ressources (Roussel, 1998) in (Sandrine, 1998).

Pour satisfaire le besoin nutritionnel quotidien de chacun, il est donc nécessaire de recourir à d'autres ressources.

L'Androy

Le Sud, dont la famine est souvent évoquée localement sous le vocable *kere*, s'appelle Androy, « la région des épines ». C'est une plaine jadis couverte des plantes xérophiles comme le *fatsiolitse*. L'action de l'homme a eu des impacts négatifs sur l'équilibre écologique comme l'invasion, jusqu'à l'intérieur des forêts primaires, des cactus. Ces derniers, bien qu'indispensable à la survie de l'homme et des zébus pendant les périodes difficiles d'entre saison, sont devenus un fléau.

Cette partie de l'île connaît des périodes importantes de sécheresse, ce qui a provoqué en 1992 une vraie famine. Aujourd'hui le *kere* signifie malnutrition dans le Sud. L'équilibre économique du million d'habitants, directement dépendant de l'agriculture et de l'élevage, est instable. Cette instabilité est due à la sécheresse du climat allié à de grandes variations annuelles de pluviosité et à une dégradation des infrastructures. Dans ce contexte des crises alimentaires sévères apparaissent régulièrement, se transformant parfois en famines.

En dehors des périodes de sécheresse et de très forte pluviosité, on trouve souvent en abondance au village, des aliments d'origine agricole comme le manioc, le maïs, la patate, les arachides, mais ce sont des aliments pauvres en protéines, vitamines et en sels minéraux. On trouve aussi actuellement des aliments riches en protéine tels du lait, des œufs et des volailles (comme les poulets et les dindons), mais ces aliments ne sont pas accessibles à tous pour des raisons économiques. Même les familles qui peuvent s'en procurer n'en mangent qu'occasionnellement. L'élevage est fait pour gagner de l'argent et non pour la consommation familiale.

Tous ces phénomènes font qu'il y a un problème nutritionnel dans le sud de Madagascar. En avril 2002, l'organisme (SEECALINE, 1997) publiait que dans la province de Toliara 36% des enfants moins de 5 ans sont malnutris in (Ravelo, 2001). Le même organisme, dans son rapport mensuel d'octobre 2002 en mars 2003, publiait que 35,2% des enfants de moins de 3 ans sont touchés par la malnutrition (SEECALINE, 2003).

4.2.3 *Quels manques ?*

L'alimentation à Madagascar est peu variée : les produits d'origine animale, sources de protéines et de fer, les corps gras, sont peu consommés, de même que les fruits et légumes. Ceci est vrai particulièrement en milieu rural ou dans certaines parties de l'île, où prévaut un comportement défavorable à des produits jugés de «bonne qualité nutritionnelle» (Lova, 2004). En général, le repas est principalement constitué par un plat chaud, très rarement suivi d'un fruit.

D'après des études faites sur l'alimentation dans la région de Toliara:

- En saison sèche, d'avril en octobre, les ruraux se nourrissent presque uniquement de manioc, patates douces séchées et diverses légumineuses mises en réserve.

- Pendant la période entre les semis et les récoltes, dès la fin de la saison sèche (Septembre), les stocks alimentaires sont épuisés. Les prix des produits de première nécessité augmentent au marché. Il en résulte une diminution de la fréquence des repas dans la plupart des familles, souvent accompagnée d'une réduction des quantités consommées par repas. Le riz se fait de plus en plus rare dans les plats, et disparaît même parfois totalement, au profit des racines et tubercules. Or d'après des études menées par des organismes nutritionnels, «ces denrées de complément ou de substitution selon le cas sont peu nutritives, et même indigestes (manioc), surtout pour les enfants en bas âge».

Il en résulte un apport d'aliments insuffisant en quantité et surtout en qualité.

Des manques importants apparaissent au niveau énergétique. La FAO évalue à 2133 Kcal par jour les besoins énergétiques d'un adulte vivant à Madagascar, pour son entretien minimum et la pratique d'une activité professionnelle (SEECALINE, 1996) in (Sandrine, 1998). Or 8 individus sur 10 n'arrivent pas à couvrir le seuil des 2100 Kcal nécessaires par jour. Il en est de même en protéines, vitamines et sels minéraux (Vola, 2003). Les sources de protéines comme viande de bétail et poisson ne sont pas disponibles pour tous. Bien que la population de zébus dans le sud

120

soit plus importante que celle des hommes, (Heurtebize, 1986), n'a pas vu consommer de viande au cours de long voyage dans la région d'Androy.

Des études réalisées au niveau du *Faritany* de Toliara ont confirmé l'existence de déficiences caloriques (en moyenne, les besoins énergétiques ne sont couverts qu'à 83%), mais aussi de fréquentes carences en vitamines (A, D, PP, B notamment) et en sels minéraux (iode, phosphore, calcium). De tels résultats sont plutôt inattendus dans une zone qui, malgré un climat difficile, jouit d'appréciables potentialités agropastorales et halieutiques.(Sandrine, 1998)

On peut trouver dans les comportements alimentaires des villageois quelques explications à une alimentation aussi peu diversifiée.

4.2.4 *Comportements alimentaires et malnutrition*

La rigidité des habitudes alimentaires (SEECALINE, 1996) in (Sandrine, 1998)

Pour beaucoup de ruraux, bien manger est souvent synonyme de manger une grande quantité de riz. Le riz est considéré comme l'élément de base des repas malgaches. C'est effectivement le cas dans une grande partie de l'île, et tout au long de l'année.

Dans le Sud, cet aliment est cependant considéré comme «un mets de choix, inaccessible en temps de disette » (Vérin, 1990) in (Sandrine, 1998). Les paysans ont généralement tendance à consommer ce qu'ils produisent. Or dans le Sud-Ouest, ce sont plutôt le maïs et le manioc qui constituent la base de l'alimentation. La production de riz est limitée à quelques rares zones inondables comme les bords de cours d'eau et le riz reste trop coûteux pour de nombreuses familles.

L'élevage « contemplatif »

Plusieurs cheptels, notamment zébus, mouton et chèvres, font l'objet d'un élevage qui a longtemps été qualifié de «contemplatif» : le troupeau constitue «une valeur symbolique, un capital» et de ce fait ces animaux ne sont consommés qu'en cas de nécessité (cataclysmes) ou lors de grands évènements sociaux (circoncision, funérailles, mariage …). La consommation des viandes reste faible et très irrégulière (Sandrine, 1998).

Les interdits en terme d'alimentation

Certaines denrées alimentaires sont soumises à des restrictions liées à divers tabous *fady* et interdits sociaux (religion).

La plupart des interdits de lignage concernent des animaux (notamment des oiseaux), des éléments de l'environnement qui, par un comportement aberrant, ont joué un rôle d'avertisseur d'un désastre imminent (arrivée d'un armée, d'une bande de brigands) pour la communauté humaine qui trouve ainsi le temps d'échapper à la catastrophe. Plus rarement l'animal est cause de morts en série. C'est le cas par exemple du mouton pour le lignage Vezo (Koechlin, 1975).

Les interdits alimentaires ne jouent pas un rôle important dans la malnutrition en Androy avec la consommation des «pika», tranches de *bélé* séchées que l'on peut conserver mais qui sont généralement interdites pour les Tandroy.

Ces comportements seront à prendre en compte dans l'élaboration d'une stratégie visant à utiliser la Spiruline comme complément alimentaire à la nourriture des enfants en particulier.

4.3 Evaluation du coût d'une exploitation à l'échelle villageoise

L'évaluation du coût d'exploitation a été faite d'après le coût de la culture expérimentale réalisée en eau de mer et en eau douce enrichies dans des bassins de 10 m² en été 2003. Les appareils de mesure utilisés sont fournis par l'Institut Halieutique et des Sciences Marines de Toliara pour la réalisation de ces travaux de recherche. Ils sont considérés comme gratuits dans l'évaluation. Les prix des matériels et produits pris en compte sont d'une part ceux des marchés locaux de l'année 2002 où j'ai effectué mes achats, d'autre part pour ceux qui n'étaient pas disponibles chez les fournisseurs locaux, les prix européens convertis en francs malgache à raison de 7000 Fmg =1€ soit 1$ en 2002. Ces prix ont été relevés dans le livre de J. P. Jourdan (Jourdan, 1999).

4.3.1 *Coût de ma culture expérimentale en EMTE et EDE*

J'ai effectué mes expérimentations entre 2002 et 2004. Les coûts calculés ici sont les coûts réels de revient au moment des achats.

L'évaluation du coût de réalisation de la culture de Spiruline en eau de mer ou en eau douce en bassin est faite en un premier temps sans tenir compte du traitement de l'eau de mer avant enrichissement. En pratique, il faut prévoir un bassin de culture de 10 m². Mais il faut aussi compter un bassin intermédiaire de 2 m² pour multiplier la souche avant de la mettre en culture. En cas de traitement de l'eau de mer, un bassin intermédiaire supplémentaire de 2 m² est nécessaire.

Les coûts de construction de ces bassins et d'installations diverses sont résumés au Tableau 23.

Le coût total de construction de bassins et d'installation est de

5.602.000 Fmg soit 446,8 €. Avec un amortissement linéaire sur 5 ans, le coût par an est de 1.120.400 Fmg soit 93,4 €.

Tableau 23: Coût exprimé en Franc malagasy (Fmg) et en euro (€) de matériels, de construction de deux bassins, l'un de 2m², l'autre de10 m² et de leur installation

Désignation	Coût	
	Fmg	€
Construction basin 2 m²	210 000	17,5
Construction bassin 10 m²	910 000	75,8
Installation électrique	90 000	7,5
Clôture et la porte d'entrée	703 000	58,6
Toiture	655 000	54,6
Matériels d'agitation et pompe vide cave	1 900 000	158,3
Matériels de filtration à la récolte	630 000	52,5
Pressage	91 000	7,6
Tuyau et robinet de nettoyage	110 000	9,2
Extrudeuse et claie de séchage	303 000	25,2
Total	**5 602 000**	**446,8**

Note : Dans ce tableau d'évaluation, 12000 Fmg correspondent à 1€.

En ce qui concerne la culture, j'évalue le coût de la consommation d'eau, d'énergie, des produits nutritifs pendant la multiplication de la souche et la culture proprement dite Tableau 24. J'avais au départ 30 litres de souche. La durée de multiplication dépend du développement de la souche avant la culture. En général, si les circonstances sont bonnes (température, souche initiale en bon état…) au bout d'un mois, on obtient la quantité de souche pouvant démarrer un bassin de 10 m².

Ce tableau 24 montre l'évaluation de la dépense pour la réalisation de la culture pendant 4 mois. En un an, elle est de 631.880 Fmg soit 52,65 € en EMTE et 578.820 Fmg soit 48,23 € en EDE.

La somme des dépenses pendant la première année de production en EMTE est de 6.233.880 Fmg soit 530 € alors qu'en EDE, elle est de 6.180.820

Fmg soit 515,10 €.

Cet investissement est amorti en 5 ans en termes de durée de vie moyenne des bassins, ainsi l'on peut compter que la somme des dépenses annuelles est 5 fois moindre soit 1.246.776 Fmg (104 €) en EMTE et 1.236.164 Fmg (103 €) en EDE.

Tableau 24: Coût exprimé en Franc malgache (Fmg) et en Euro (€) de réalisation d'une culture en bassin de 2 m² pendant 1 mois et de 10 m² pendant 4 mois.

Phases	Désignation	EMTE		EDE	
		Fmg	€	Fmg	€
Multiplication de la souche	Traitement 200 l	12000	1	-	
	Enrichissement 200 l	2000	0,17	12000	1
	Consommation d'eau douce	-		40	0.003
	Consommation d'énergie	12000	1	12000	1
Total multiplication de souche		**26 000**	**2,17**	**24 000**	**2**
Culture proprement dite	Traitement 1500 l	77 000	6,42		
	Enrichissement 1500 l	20 000	1,7	82 000	6,8
	Ajout journalier des nutriments	15 000	1,2	13 000	1,08
	Nutriment après récoltes	4 000	0,33	4 000	0,33
	Consommation d'eau douce	100	0,01	400	0,03
	Energie à l'agitation	84 000	7	84 000	7
	Energie à des récoltes	460	0,04	500	0,04
	Energie à des séchages	1 400	0,12	1040	0,08
Total culture		**201 960**	**16,82**	**184 940**	**15,41**
	Totaux	**227 960**	**19**	**208 940**	**17,41**

Note : L'équivalence d'1€ dans ce tableau est de 12000 Fmg.

La récolte obtenue dans un bassin de culture de 10 m² varie de 2 à 4 kg en 4 mois. En une année d'exploitation, on obtient de 6 à 12 kg de Spiruline sèche. Pour un prix de vente de Spiruline séchée brute de 50 € le kilogramme équivalent à 600.000 Fmg, la recette annuelle est de 2.400.000 à 7.200.000 Fmg soit respectivement 200 à 600 €.

Reste posée la question du coût des appareils de mesure.

4.3.2 *Optimisation du coût pour les villages*

Le pouvoir d'achat de la majorité de la population villageoise est faible. D'autre part, l'infrastructure et la disponibilité en matériel font défaut. De ce fait, il est indispensable d'optimiser le coût d'exploitation en procédant à une technique de culture simple mais sûre, bien adaptée à la réalité au village.

Source d'énergie

La culture de la Spiruline demande de l'énergie. L'énergie électrique serait une source possible. Mais l'extension des réseaux d'électricité nationaux vers les communautés villageoises isolées coûte très cher et ne peut être la solution. Dans cette région prédomine un vent du sud *tsioka antimo* et l'ensoleillement pendant presque toute l'année. Aussi l'implantation de systèmes d'électrification utilisant les éoliennes ou une plaque photovoltaïque alimentée par la lumière serait-elle une solution pour de nombreux villages. Cette source d'énergie, techniquement possible mais d'un coût d'installation élevé n'est pas non plus envisageable.

A défaut d'énergie électrique, il reste l'énergie humaine, laquelle peut suffire pour cultiver la Spiruline.

Dans ce cas on pratique ;

- l'agitation manuelle de la culture à l'aide d'un balai ou bien avec une roue à aube munie de manivelle.

- la récolte manuelle en utilisant un seau à bord droit pour verser la culture sur la toile de filtration.

- le séchage solaire est adapté à la culture villageoise. Si l'on veut conserver la biomasse de Spiruline il faut la sécher, soit directement au soleil, soit à l'aide d'installations de séchoirs solaires simplifiés.

Le traitement de l'eau de mer

Eventuellement on peut supprimer en partie ou en totalité le traitement de l'eau de mer en travaillant sur une souche de Spiruline bien adaptée au milieu sans traitement mais enrichi. Les expériences de culture faites sur les souches malgache et paracas en eau de mer sans traitement dans des récipients de petit volume montrent que la Spiruline s'adapte bien à ce milieu dans les conditions de laboratoire.

L'azote et du phosphore

Peut-on diminuer les quantités d'azote et de phosphore ajoutées dans le milieu de culture ? En tenant compte du bilan d'azote et de phosphore de la culture pilote dans le chapitre précédent, on s'aperçoit que la quantité de ces produits ajoutée dans le milieu est trop forte par rapport à celle récoltée sous forme N et P Spiruline

L'excès de P ajouté après chaque récolte est dû à l'utilisation en parallèle de K_2HPO_4 et de $NH_4H_2PO_4$. Le premier élément sert pour compenser le K récolté (correspondant à 0,09 atome de K). Son élimination n'est pas raisonnable. Alors que le deuxième sert à compenser le P récolté. L'on peut envisager l'utilisation d'une autre source de K, K_2SO_4 par exemple qui est 7 fois moins cher que K_2HPO_4, respectivement 3.360 contre 25.060 Fmg.

En ce qui concerne N, la quantité ajoutée au départ assure 6 jours de la production. La quantité journalière n'assure que 38% du besoin journalier de la Spiruline dans le bassin et la quantité ajoutée après la récolte n'est pas suffisante pour compenser celle-ci ; la seule possibilité de réduire la quantité de N ajoutée est pendant l'enrichissement initial. On peut ne rien ajouter pendant les 6 premiers jours de culture. A partir du 7e jour, il faut combler la quantité journalière manquante. Améliorer les conditions de culture comme la lumière, la température pour favoriser une utilisation optimum par les Spirulines, de l'azote et du phosphore fournis.

Avec ce système d'optimisation et d'adaptation villageoise le coût d'exploitation diminue. En effet, compte tenu de la ressource d'énergie, le coût de réalisation d'une culture dans le bassin diminue de 227.960 Fmg (19 €) à 130.100 Fmg (11 €) en EMTE soit 43% de diminution. Alors qu'en EDE, elle diminue de 208.940 (17,41€) à 111.400 Fmg (9,3 €) correspondant à 46,7% de diminution.

Si l'on pouvait confirmer la faisabilité de la culture en bassin de Spiruline en eau de mer sans traitement l'on pourrait réduire considérablement les coûts d'une culture jusqu'à 41.100 Fmg (3,42 €) soit 82 % de réduction.

4.4 Stratégie proposée

L'objectif de cette proposition est d'introduire la culture de la Spiruline dans la communauté villageoise. La malnutrition est un problème familial, la proposition de production familiale de Spiruline et l'utilisation de ce produit en complément alimentaire me semble la meilleure stratégie car elle implique directement chaque famille à combattre ce fléau. Comme il s'agit d'une culture nouvelle au village, avant de lancer cette novation, la démarche est la suivante.

4.4.1 *Contact avec les autorités locales et la population*

Pour tenter de faire démarrer, d'abord à petite échelle, ensuite à une échelle beaucoup plus vaste, la production villageoise de la Spiruline, je propose la marche à suivre suivante :

- Avant tout il faut demander une autorisation aux autorités compétentes afin d'obtenir un document officiel justifiant le programme d'activité envisagé.

- Une fois l'autorisation est délivrée, il conviendra de parler avec de grandes marques de respect l'innovation technique à mettre au point, aux quelques décideurs locaux que l'on aura préalablement identifiés, afin d'obtenir leur assentiment. L'important est de ne pas susciter d'entrée l'opposition ouverte de l'un quelconque des détenteurs locaux de pouvoir. Cet assentiment étant réellement obtenu – et non pas un simple acquiescement formel -, il deviendra possible d'organiser une ou plusieurs réunions pour expliquer aux villageois l'intérêt de l'innovation et les conditions de son fonctionnement.

- Réaliser l'innovation en vraie grandeur dans un ou plusieurs villages sous forme d'une unité de production pilote réalisée dans des bassins de 10 mètres carrés. Il s'agira d'étudier tous les problèmes techniques, de façon à préparer des solutions et à limiter les tâtonnements des nouveaux producteurs qui pourraient ainsi se laisser gagner trop rapidement par le découragement.

- Pour faciliter l'adhésion à l'innovation, il faudra s'appuyer sur les résultats des expériences réalisées dans les bassins pilotes en insistant sur la faible difficulté technique de l'opération, sur la possibilité simple et peu coûteuse de surmonter les éventuels problèmes et sur les avantages immédiats qui en résulteront au niveau de la malnutrition infantile et la trésorerie paysanne.

Il vaudrait sans doute mieux, dans un premier temps, insister sur la lutte contre la malnutrition infantile. Longtemps négligé, elle a une conséquence énorme sur l'avenir des enfants, cause d'innombrables décès. Chez eux, il n'y a pas de problème au niveau d'habitude alimentaire. Ce qui compte pour sauver leur avenir, c'est simplement la décision des parents d'accepter à donner la Spiruline à leurs enfants.

Il faut insister aussi à long terme, les possibilités financières offertes par les ventes de Spiruline, par exemple, à des commerçants de Tuléar et n'envisager que pour plus tard l'intégration de la Spiruline dans les habitudes alimentaires villageoises. On sait en effet, que chez les adultes, les changements d'habitudes alimentaires ne se font généralement pas très facilement. Ils se réalisent plus rapidement en ville où jouent davantage les effets de mode (restaurants destinés à une clientèle bourgeoise ou européenne), qu'en milieu rural, toujours peu enclin à changer ses habitudes. On peut supposer que la motivation suscitée par l'appât du gain jouera beaucoup plus rapidement que celle de la lutte contre la faim, par un produit encore peu familier. Le niveau alimentaire de la région est plutôt bon dans l'ensemble, à l'exception de l'Androy qui est périodiquement frappé par de véritables famines entraînant des pertes humaines significatives. On sait aujourd'hui prévoir ces périodes de famine, notamment avec le Service d'Alerte Précoce (SAP) qui opère à Ambovombe-Androy. Une diffusion généralisée et gratuite de Spiruline dans les zones les plus touchées avant que la situation ne soit vraiment désastreuse pourrait constituer une remarquable publicité incitant tous les paysans qui bénéficient de conditions favorables à cette culture à y participer.

4.4.2 *Lancement d'une culture pilote*

La plupart des populations villageoises n'ont jamais entendu parler de la culture de Spiruline. Le démarrage d'une culture pilote dans une propriété villageoise est donc primordial. La première année est consacrée à lancer cette culture. Cette culture permettra au villageois d'avoir des souches de spirulines. Elle constitue aussi un outil pédagogique pour les différentes formations techniques et pratiques effectuées avant de réaliser la culture à l'échelle familiale. Pendant cette culture pilote, 4 personnes du village seront formées pour assurer le suivi de la culture et être capables de relancer la culture pilote et donner des instructions aux algoculteurs débutants la seconde année.

Préparation des matériels

Les matériels de construction de bassins les plus simples sont : bois ronds, planches, bâche de camion, tringles, chevrons, toile transparente, pointe de 7cm.

Les outils de construction des bassins sont : la scie, marteau, équerre, tenailles, ciseau à bois, mètre, bêches,

Les produits chimiques pour préparer le milieu de culture sont : carbonate et bicarbonate de soude, sel de mer, urée, phosphate monoammonique, sulfate de fer, sulfate de potassium, sulfate de magnésium.

Les outils de culture sont : récipients de différente capacité : 1 l, 5 l, 50 l, disque de Secchi, thermomètre, (salinomètre et pH mètre), filtre de 200 et 30 µm de maille, grillage moustiquaire de 2 mm de maille, petite cuvette de 5 l, petit récipient de 1 l, seaux plastiques de 10 l, paille plastique, extrudeuse.

Construction des bassins

Il y a de nombreuses façons de construire un bassin selon les conditions locales. Le plus simple est l'utilisation de film plastique en PVC ou d'une bâche de camion. Ceux-ci sont soutenus par des planches ou bien un muret en parpaing ou en brique. Le fond du bassin doit être lisse avant de déposer la bâche. Il est nécessaire de mettre en place une serre ou au moins un toit sur le bassin pour protéger contre l'excès de pluie, de soleil ou de froid, contre les chutes des feuilles, les vents de sable et les débris divers.

Le nombre de bassin dépend du type de culture. Si on travaille avec de l'eau de mer enrichie non traitée, on aura besoin de 2 bassins de surface respective 2 m² et 10 m². Si on fait un traitement préalable de l'eau de mer, l'algoculteur doit prévoir un bassin intermédiaire supplémentaire.

Quatre personnes du village pourront effectuer ces travaux en une semaine.

Préparation du milieu de culture et multiplication de la souche

On a le choix entre deux milieux de culture, l'EMTE et EDE. Les eaux douces ou de mer sont filtrées sur une toile de moustiquaire et enrichies en éléments nutritifs.

Avant ensemencer le grand bassin avec la Spiruline, il faut multiplier la souche pour obtenir une culture suffisamment dense. La multiplication de la souche consiste en une série de dilutions de la souche initiale dans un milieu de culture nouveau. La durée de cette multiplication varie en fonction de la vitesse de croissance de la Spiruline et du volume de bassin de culture (en général, il faut un mois pour un bassin de 10 m²).

Démarrage et suivi de la culture

Les bassins sont remplis de milieu de culture jusqu'à obtenir une profondeur de 15 cm.

On ensemence d'abord le petit bassin puis après obtention d'une culture dense, on ensemence le grand bassin. La dilution de doit pas être trop brutale pour éviter la photolyse. La Spiruline exposée à un fort ensoleillement est décomposée en quelques minutes et tuée. La culture qui démarre en faible densité demande à être ombragée. La couleur de la nouvelle culture doit être bien verte avec une concentration correspondant à un Secchi égal à 5 cm. On ensemence de préférence le soir pour que la Spiruline puisse s'acclimater dans le milieu de culture neuf durant la nuit.

Le suivi d'une culture est un travail quotidien. Il consiste en l'agitation de l'eau, l'observation visuelle, la détection d'odeur et la mesure des paramètres physiques et chimiques du milieu si on dispose des appareils de mesure.

L'agitation peut se faire manuellement à l'aide d'un balai ou une rame. Elle est nécessaire pour homogénéiser le milieu de culture assurant la répartition équitable de la lumière ainsi que les sels minéraux. Une culture doit être agitée au moins 4 fois par jour. Cette fréquence dépend de la quantité de lumière. Au milieu d'une journée très chaude, sans ombrage, l'agitation doit être très fréquente.

L'observation visuelle permet de surveiller le changement de coloration de la culture qui est un indicateur de son état de santé. Le Tableau 25 indique quelques colorations qui peuvent être observées dans un bassin de culture.

Tableau 25 : Couleur probable d'une culture selon (Fox, 1999b) pouvant servir d'un diagnostic préliminaire

Bleu-vert	vert	jaune	Jaune + écume	Jaune grisâtre	incolore
Culture trop ombragée	Culture en bonne santé	Trop forte lumière : photolyse	Lyse + exo polysaccharides	Contaminatio n bactérienne	Culture précipitée ou dévorée par des prédateurs

Une culture de Spiruline en bonne santé et à température idéale dégage souvent une odeur aromatique caractéristique et agréable. L'apparition d'une légère odeur d'ammoniac NH_4^+ n'est pas très grave mais elle signifie un ajout trop important en urée. Dans ce cas, il faut stopper tout ajout d'urée pendant un certain temps et agiter le bassin car l'ammoniac est volatil. Une odeur forte est la manifestation d'une Spiruline en mauvais état.

Le microscope permet de surveiller la morphologie de la Spiruline. Une culture contenant beaucoup de Spiruline cassée en petits fragments peut être due à un excès de lumière ou à une agitation trop brutale, ou encore à un manque de potassium. Des Spirulines anormalement longues peuvent être le signe d'un manque de fer, à moins qu'il s'agisse d'une culture à croissance très faible. Le microscope est nécessaire mais comme il est d'un coût élevé, il devra faire l'objet d'un achat commun.

Divers équipements plus ou moins onéreux permettent de surveiller les paramètres physiques et chimiques du milieu tels que :

Le thermomètre permet de surveiller la température de l'eau dans le bassin. L'optimum de croissance de la Spiruline est de 35-37°C (Pirt, 1975) in (Fox, 1999a). On peut utiliser un thermomètre ordinaire à mercure (le moins cher).

Le pH-mètre permet de mesurer le degré d'acidité de l'eau. La Spiruline croît pour un pH de 8 à 11, avec un optimum aux environs de 9,5. Le pH mètre est relativement cher et demande à être étalonné fréquemment. On peut éventuellement le remplacer par un rouleau de papier pH.

Le réfractomètre permet de mesurer la salinité de l'eau dans le bassin de culture. La salinité du milieu de culture augmente à cause de l'évaporation. La Spiruline tolère de très grandes variations de salinité allant de 2 jusqu'à 200 g l^{-1} (Fox, 1999a) à condition que le changement soit progressif pour éviter le choc osmotique et donc le stress de la Spiruline.

Le disque de Secchi décrit plus haut (C'est un instrument constitué d'une baguette graduée de 30 cm de long   portant à son extrémité un disque blanc de 5cm de diamètre) ne coûte rien et permet d'évaluer la densité de Spiruline dans le bassin de culture.

Ces différents équipements permettent de contrôler que les paramètres du milieu sont dans les gammes de tolérance pour une bonne croissance de la Spiruline.

Récolte

S'il n'y a pas de problème majeur, si toutes les conditions de culture sont réunies, on peut faire une première récolte un mois après le démarrage de la culture.

Pour le maintien de la viabilité de la culture et afin d'éviter tout risque de toxicité à la consommation, le pH et la densité de culture doivent être absolument contrôlés avant de prendre la décision de récolte. Il faut en effet que le pH du milieu soit supérieur à 9,5 car c'est à partir de cette valeur que le risque de présence de germe pathogène dans la culture est pratiquement inexistant. Avant de récolter, il faut attendre que la Spiruline dans le bassin de culture soit bien dense, correspondant à une valeur du disque de Secchi inférieur à 3 cm.

La récolte doit être arrêtée quand le Secchi du milieu arrive à 5 cm. Elle doit se faire tôt le matin pour éviter trop de chaleur laquelle dégrade très vite la biomasse sur le bord du filtre. A l'aide d'un seau la culture est versée à travers deux filtres superposés de mailles respectives de 200 μm et de 30 à 60 μm. Le premier permet d'intercepter les corps étrangers tels que les boues et les débris divers, le second permet de récolter la Spiruline. Ces filtres sont étalés sur un tamis de 2 mm de maille soutenu par un cadre en bois rectangulaire installé au-dessus du bassin. Le filtrat est recyclé directement dans le bassin de culture. Quand la biomasse est formée sur la toile de filtration, on utilise la raclette pour decolmater la Spiruline. A la fin de la filtration quand tout le liquide est parti, on ramasse la pâte de Spiruline. En pratique, on filtre environ 1/3 du milieu de culture.

Pressage

La pâte égouttée est placée dans une toile de même type que celle utilisée lors de la filtration. Elle est renforcée par une toile en coton ou en tergal solide. Ces deux toiles sont repliées sur la pâte puis l'ensemble est placé dans une presse simple pendant au moins 15 mn pour laisser le temps au liquide de traverser les très fines interstices de Spirulines comprimées. Ainsi pressée, la biomasse est débarrassée du milieu de culture dont elle est imprégnée. On peut la consommer directement.

Dégustation de la première production de Spiruline fraîche

Avec cette culture pilote, on essaie de distribuer aux villageois le maximum possible de produit récolté pour qu'ils connaissent le goût de la Spiruline et donnent leur appréciation. En fait la plupart des habitants des pays en développement trouvent le goût et l'odeur de la Spiruline très acceptables. Nombreux d'entre eux sont déjà habitués à manger des nourritures vertes foncées (Exemples : bouillon de feuille de manioc pilée, de feuille de patate douce). Ce qui est essentiel, c'est que les parents acceptent de donner la Spiruline à leurs enfants.

Extrusion

La biomasse issue du pressage est extrudée en nouilles sur une claie de séchage constituée d'une grille plastique de maille de l'ordre de 2 mm. L'extrusion se fait à l'aide d'un pistolet à colle silicone professionnel du type Sika, modifié : le bouchon vissé en PVC de 50 mm de diamètre est percé de trous de 1 à 2 mm. L'extrusion peut aussi se faire à l'aide d'une seringue de décoration de gâteau.

Séchage

Déposée sur le tamis de séchage, la biomasse en forme de nouille est séchée au soleil direct ou à l'aide d'un séchoir solaire. Ce dernier est fabriqué d'une façon simple mais bien protégée pour éviter l'exposition à toutes sortes de salissures. La durée du séchage dépend de l'épaisseur de la masse de Spiruline fraîche sur la claie.

Ajout de nutriments après chaque récolte

Pour permettre à la production de continuer après la récolte, il faut compenser après chaque récolte, les éléments contenus dans la Spiruline récoltée.

Par kg de Spiruline récoltée, (Jourdan, 1999) et (Fox, 1999a) suggèrent la formule suivante Tableau 26 :

Tableau 26 : Quantité d'éléments nutritifs ajoutés par kilogramme de Spiruline récoltée dans le bassin de culture

Eléments nutritifs ajoutés par kg de Spiruline récoltée (Jourdan, 1999)		Eléments nutritifs ajoutés par kg de Spiruline récoltée (Fox, 1999a)	
Bicarbonate de soude	2 kg	Carbone.................	470 g
Urée	350 g	Azote...................	120 g
Phosphate monoammonique	50 g	Phosphore..............	7,6 g
Sulfate dipotassique...............	30g	Potassium..............	13,3 g
(ou 40 g si on ne met pas du KNO₃)		Magnésium.............	1,4 g
		Calcium.................	1 g
Sulfate de magnésium	30 g	Fer......................	0,47 g
Nitrate de calcium	23 g	Soufre..................	5,25 g
(ou chaux)	10 g	Chlore....................	4 g
Ferfol 13	3 g		

Conditionnement et stockage

La Spiruline bien sèche, craquante est conditionnée sous forme des brindilles ou de poudre après broyage à l'aide de mortier.

Le stockage de produit sec doit se faire dans des récipients bien remplis et étanches, à l'abri de la lumière, de l'air et de la forte chaleur. Dans cette condition, la Spiruline sèche peut se conserver longtemps, sans perdre de ses qualités.

La mise en sachet de 12 x 8 cm d'une quantité de 100 g de Spiruline sèche facilite la distribution. L'utilisation de petits sachets est avantageuse pour une garantie de qualité.

4.4.3 *Formation*

Avant de lancer la culture familiale, il faut former chaque responsable de culture. Cette formation consiste à leur apprendre les techniques de production artisanale (construction de bassin, préparation du milieu de culture, ensemencement, conduite et entretien d'une culture, récolte, séchage et conditionnement) et la consommation de produit pour qu'ils soient opérationnels au moment de lancement du projet. Comme ils ont un niveau scolaire en majorité faible, la formation doit être simple et basée essentiellement sur la pratique.

4.4.4 *Démarrage de la culture familiale*

En deuxième année, grâce à la culture pilote, la Spiruline n'est plus une chose nouvelle au village. Chaque représentant d'une famille a reçu une formation qui lui permet de démarrer un bassin de culture.

Le bassin pilote est relancé chaque année pour assurer la distribution de souches vivantes aux villageois.

Choix de site d'installation

Au village, le site choisi par la famille doit être propre, ensoleillé de préférence herbeux pour atténuer la déposition de poussière dans les bassins.

Construction de bassin

Elle doit tenir compte de :

1. de la production moyenne de la Spiruline par unité de surface (entre 2 et 6 g j^{-1}),
2. du nombre moyen d'enfants de moins de 5 ans dans chaque famille (3)
3. de la quantité journalière de Spiruline sèche à donner à un enfant par jour (5 g)

On arrive ainsi à une surface moyenne de 2,5 m² par famille. Cependant, pour diminuer le coût d'exploitation et le nombre de bassins au village, le groupement de 4 familles pour construire un bassin de 10 m² est très avantageux car le travail peut se faire à tour de rôle et le coût est nettement plus faible que pour 4 petits bassins. Avec une bonne organisation du suivi d'un bassin, chaque famille peut assurer sans problème ses activités sociales et économiques traditionnelles parallèlement à la culture de la Spiruline.

Préparation du milieu de culture

On prépare le milieu d'eau de mer ou d'eau douce. Le choix est basé sur la disponibilité de source d'eau c'est à dire la situation géographique du village par rapport à la mer. Les intrants sont achetés au centre d'achat communal ou villageois et la souche de Spiruline est fournie par la culture pilote qui devient un centre de distribution de souches pour le village.

A partir de la 2e année, cette culture pilote est tenue par des stagiaires sous la surveillance d'un spécialiste.

Multiplication de la souche

Généralement la souche est en faible quantité par rapport au volume du bassin de culture, il faut la multiplier pour avoir une quantité et qualité convenable de ce bassin. Le principe de multiplication est le même que celui décrit précédemment.

Démarrage et suivi de la culture

Dès que la souche est prête en quantité et en qualité, on commence à préparer le milieu de culture par le pesage des produits nutritifs nécessaires selon la formule choisie, mise en eau du bassin de culture, enrichissement de cette eau et ensemencement de la souche.

Une fois démarrée, la culture doit être agitée au moins 4 fois par jour. L'agitation manuelle demande une présence en permanence d'une personne désignée par la famille. Cette personne doit assurer absolument le suivi du bassin.

Consommation de Spiruline

On a intérêt à consommer directement la Spiruline fraîche après la récolte car elle est plus efficace du point de vue digestibilité et qualité du fait qu'elle garde à 100% de ses propriétés par rapport à celle séchée. Cependant, la Spiruline fraîche est difficile à conserver surtout au village où il est rare de trouver des réfrigérateurs. Même à froid elle ne peut se conserver au-delà de 8 jours à 1°C, 2 à 3 jours à 5°C et 1 jour à 8°C. Le séchage est donc le seul moyen de la conserver longtemps.

Quantité de Spiruline administrée par jour

Je prends le fer en référence car chez les enfants, sa carence diminue le taux d'hémoglobine entraînant des retards de croissance. Une étude brésilienne assez récente publie des chiffres impressionnants sur les carences en fer qui entravent le développement mental et physique de l'enfant, provoquant des anémies, et augmentant la vulnérabilité aux infections (Weid, 2000).

En tenant compte de la teneur en fer par kg de Spiruline sèche (580 -1800 mg/g) et des besoins en fer quotidiens d'un enfant de moins de 5 ans et ceux d'un adulte qui sont respectivement de 7 et 18 mg (Falquet, 1996), la quantité de Spiruline à prendre pour satisfaire les besoins de l'organisme de l'enfant varie donc 4 à 12 g alors que chez l'adulte elle est de 10 à 31 g. Je propose 5 g car la Spiruline n'est qu'un complément alimentaire et une partie du fer est apporté par d'autres aliments.

La Spiruline fraîche bien pressée contient en général 20 à 30% de matière sèche. Pour avoir l'équivalent de 5 g sèche, il faut prendre 17 à 25 g de fraîche.

Pour les enfants de moins de 5 ans souffrant de la malnutrition sévère, commençons par 3 g de Spiruline sèche par jour. Quand on vérifie que l'enfant les tolère bien on peut passer à 5 g.

Mise en place d'un centre d'achat des intrants

Dans plusieurs pays en développement qui font la culture de Spiruline, l'achat des intrants pour préparer le milieu de culture pose un problème. Les produits nutritifs nécessaires ne sont pas tous disponibles chez un fournisseur local. Dans le cas de Madagascar, ces intrants sont achetés à Antananarivo la capitale. Certains produits sont même importés d'Europe. Dans le cas particulier de Toliara, le fournisseur d'engrais n'a que de l'urée et du sel de mer. Cette dispersion de fournisseurs a une influence importante sur l'élévation du coût d'exploitation et constitue aussi un obstacle majeur pour la culture au niveau villageois. En effet, les paysans démunis ne peuvent se déplacer de 900 km pour acheter ces produits. Ce qui nous conduit à imaginer la création d'un centre d'achat des intrants au niveau régional ou même au village. On y trouvera tous les produits nécessaires et à des prix raisonnables. Le coût des produits serait fortement diminué si ceux-ci étaient détaxés.

Un des problèmes de la culture au village est le pesage des intrants pendant la préparation du milieu de culture, qui demande une balance relativement précise. Une solution pourrait être que le centre d'achat possède cette balance et que les paysans algoculteurs puissent acheter la quantité précise d'intrant nécessaire pour un milieu de culture donné. Une autre solution pourrait être la fabrique pour chaque produit nutritif d'un micro gobelet dont la capacité correspond à la quantité d'un litre du milieu de culture. Les villageois ont l'habitude d'utiliser cette technique de mesure pour quantifier le riz suffisant pour nourrir un nombre précis de personnes.

Besoins d'aide financière et technique au départ

Bien que l'on ait optimisé au maximum le coût du système de production proposé, on constate qu'il est relativement cher pour le villageois. Aussi pour réaliser ce travail, il est souhaitable d'avoir une aide financière sous forme de subventions de l'état, de la région ou même de la commune.

L'assistance en permanence d'un spécialiste en culture de Spiruline est indispensable pendant la première année du démarrage des cultures pilote et familiale. Ceci pour résoudre dans l'immédiat les différents problèmes qui peuvent arriver dans le bassin de culture. Il assure aussi la formation et la sensibilisation.

Formation à l'utilisation de la Spiruline

Les femmes méritent de recevoir une formation spéciale du fait qu'elles sont les premières responsables des enfants. Cette formation concerne surtout l'utilisation de la Spiruline produite pour la nourriture des enfants. On peut leur donner directement de la Spiruline fraîche ou mélangée avec n'importe quels aliments déjà cuits ou avec des fruits comme les avocats. Quant à la poudre de Spiruline sèche, le meilleur moyen d'en administrer aux enfants mal nourris est de la mélanger à des aliments locaux cuits à l'eau car elle s'intègre facilement dans une boisson ou dans une sauce seule ou accompagnée de légumes, dans des soupes ou pâtes. Ceci pour éviter le collage de la poudre au palais buccal.

Par exemple en Afrique subsaharienne, on peut préparer 100 ml de bouillie d'excellente valeur nutritive en utilisant comme produit de base la farine de manioc et la Spiruline dans les proportions suivantes : farine de manioc 30 g, Spiruline 5 g, huile 4 g et eau 100 ml. Cette bouillie sera donnée à l'enfant une à 2 fois par jour en complément de l'allaitement maternel. Si le mélange est trop épais, on ajoute un peu d'eau en cours de cuisson (Dillon, 2000).

Planning d'exécution et de réalisation

La réalisation de cette ferme est planifiée et résumée au Tableau 27. A partir de la troisième année, les responsables de la culture pilote doivent démarrer très tôt une culture pour fournir de la souche vivante à des familles cultivatrices villageoises.

Tableau 27 : Chronogramme annuel de réalisation de différentes activités et leurs responsables dans une culture pilote et des cultures familiales dans un village

Activités	Responsables	Culture pilote				
		Années				
		A 1	A 2	A 3	A 4	A 5
Contact à des autorités locales	Expert	••				
Assemblé général	Expert	••				
Préparation des outils et matériels	Expert + stagiaires villageois	••				
Construction de deux bassins (2 m² et 10 m²)	Expert + stagiaires villageois	••				
Démarrage de la culture pilote et maintien/entretien	Expert + stagiaires villageois	•——————————•				
Formation des responsables de culture familiale	Expert	•—•				
Création de central d'achat d'intrant	Expert	••				
		Culture familiale				
		A 1	A 2	A 3	A 4	A 5
Préparation des outils et matériels	Expert + responsables familiaux		••			
Construction de deux bassins (2 m² et 10 m²)	Expert + responsables familiales		••			
Démarrage de la culture familiale et maintien/entretien	Expert + responsables familiales		•—————————•			
Formation des mères de famille sur l'utilisation alimentaire de Spiruline	Expert		••			

4.4.5 *Compatibilité avec la structure du village*

Les villageois vivent en mode de production traditionnel basé sur une agriculture répétée sur une petite surface qui devient rapidement inculte. Leur structure sociale est caractérisée par le respect du chef soit le chef du village représentant de l'état soit le chef spirituel représentant des ancêtres. Ils sont bien organisés, solidaires et stricts dans leur tradition. Ils ne sont pas contre le développement mais vivent loin du développement souvent dans la pauvreté et la malnutrition.

La production de la Spiruline semble bien adaptée à la réalité villageoise. En effet, le fait qu'elle soit un microorganisme photosynthétique aquatique évite le problème de qualité du sol. Le besoin en eau pour sa production est largement inférieur à celui de toute autre production agricole. L'extrême productivité de cette algue et la faible quantité journalière à laquelle elle est administrée réduit la surface de bassin nécessaire.

Tous ces facteurs permettent de valoriser des petites surfaces des sols dégradés ou infertiles. La faible consommation d'eau et la possibilité d'utilisation d'eau saumâtre et marine inutiles à l'agriculture classique augmentent encore l'intérêt de la production de Spiruline dans les régions arides. Ainsi, si l'on donne au villageois un coup de pousse technique et financier, je pense que l'implantation de la culture de Spiruline au village est faisable et constitue le meilleur moyen de lutte contre la malnutrition.

4.4.6 *Coût d'une ferme pilote*

Le bilan de l'évaluation de coût d'exécution de projet de culture de Spiruline dans un village pilote est résumé au Tableau 28. Les détails de calcul sont présentés en annexe 6.

Tableau 28 : Bilan d'évaluation de coût en Fmg et en € de réalisation de culture de Spiruline dans un village pilote pendant 5 ans

Désignation	Coût	
	Fmg	€
Investissement :		
Outils et matériels de construction (culture pilote)	3 132 000	261
Intrant de la culture pilote	1 950 000	162,5
Outils et matériels de construction (20 unités de production familiale)	62 640 000	5 220
Intrant des cultures familiales	31 200 000	2 600
Total	**98 922 000**	**8 243,5**
Charge de personnel :		
Salaire	120 000 000	10 000
Per diem	9 150 000	762.5
Total	**129 150 000**	**10 762.5**
Transport	5 280 000	440
Totaux	**233 352 000**	**19 446**

Pour lancer pendant 5 ans une culture de Spiruline dans un village pilote du Sud de Madagascar, il faut un financement de **233.352.000 Fmg** ou **19 446 €** qui pourrait être demandé à des ONG ou des organismes nationaux ou internationaux.

Ce projet est non lucratif et à caractère social. Les bénéficiaires sont des familles de zone rurale touchées par la malnutrition. Elles ont de faibles revenus et le financement recherché doit être sous forme de subvention ou d'aide non remboursable.

Cette proposition de culture est calculée pour un village de 80 familles ayant chacune 3 enfants de moins de 5 ans. Elle permet d'assurer l'amélioration nutritionnelle des 240 enfants pendant 4 ans grâce à l'apport de 5 g de Spiruline par jour. On peut imaginer la réalisation d'un tel projet dans plusieurs villages dans la région.

4.4.7 *Devenir à long terme de la ferme familiale*

Actuellement la Spiruline est un commercialisée comme aliment pour des régimes diététiques spéciaux et pour lutter contre certaines maladies. Elle est aussi utilisée en alimentation animale : pour les nauplii des crevettes, les alevins des poissons, etc. Il existe donc diverses possibilités de débouchés. En fonction de l'initiative et du savoir-faire du producteur familial mais aussi du besoin au niveau du marché local, régional et national et même international, il est possible d'exploiter la Spiruline à des fins lucratives. Ce type d'exploitation exige de satisfaire les besoins quantitatifs et qualitatifs des clients, une étude préalable d'une installation de production doit se faire. Une étendue de terrain propre sera nécessaire pour transformer la culture familiale en semi-artisanale ou artisanale d'une centaine de m². Le système de culture doit être amélioré, il faut des ressources humaines pour assurer les différentes activités de production, 4 personnes par exemple, peuvent conduire 10 bassins de 20 m² dont les tâches confiées à chacune sont les suivantes:

Responsable : de préférence avoir une très bonne culture générale et avoir reçu une formation en algoculture permettant de réaliser le tonnage d'algue prévu, mettre la Spiruline produite au service des clients, rendre cette entreprise financièrement autonome.

Technicien : une personne ayant fait au moins des études secondaires pouvant assurer toutes écritures (suivi des bassins, récoltes, ensachage, vente comptant, vente à crédit, stock)

Ouvriers : au nombre de un par 100 m² du bassin, de préférence alphabétisée pour assurer les récoltes jusqu'à l'emballage des produits séchés.

147

Pour travailler dans de bonnes conditions un bâtiment de trois pièces doit être construit à coté du site de production dont la première pièce sert de magasin pour entreposer les produits secs, la deuxième sert de laboratoire de contrôle, de pesée, des travaux de post récolte, de preséchage et l'extrusion en spaghettis et quant à la troisième, elle est l'atelier des outils et des produits chimiques.

Une ressource d'eau sous pression est nécessaire pour assurer les nettoyages qui sont abondants et très important car les produits doivent répondre à la norme hygiénique souvent exigée par les marchés nationaux et internationaux.

A 50 m² du bassin, l'agitation manuelle ne pose aucun problème, à 100 m² de surface, elle devient difficile, il faut chercher une source d'énergie pour mécaniser le système de production. Dans ce cas on peut utiliser des pompes immergées pour l'agitation et la récolte. Ainsi, la production familiale peut devenir artisanale et bientôt semi-industrielle.

4.4.8 *Un projet à l'échelle régionale*

Je compte présenter un projet de développement de la culture de la Spiruline à l'échelle de la Région à des organismes de financement (Banque mondiale par exemple).

Ce projet est :

La production artisanale de la Spiruline à l'échelle régionale :

Contexte global

Le Sud de Madagascar est la région la plus aride de l'île. La malnutrition prédomine et constitue un problème majeur notamment dans les zones rurales. Cent treize communes sur deux cent huit dans la province sont touchées par la malnutrition (SEECALINE, 2003). Cette région est écologiquement favorable à la croissance de la Spiruline, un microorganisme riche en protéine vitamine et des sels minéraux que l'on peut utiliser en complément alimentaire pour l'homme pour lutter contre la malnutrition. Ce projet de production de Spiruline à l'échelle régionale est proposé pour réduire ce fléau.

Justification du projet

L'origine de la malnutrition est souvent le manque de protéine, vitamine et de sels minéraux dans la nourriture quotidienne. Il est lié au faible revenu du ménage qui lui empêche d'acheter la source de protéine comme la viande. Incorporer la Spiruline dans cette nourriture améliore sa qualité. L'apport de Spiruline à la famille malnutrie peut se faire soit par la distribution de produit venant d'une association humanitaire productrice de Spiruline ou bien par la famille elle-même qui produit de la Spiruline. La production familiale est le choix de ce projet car il implique chacun dans la lutte contre la malnutrition en se basant sur l'amélioration de la qualité des aliments locaux. Ce principe conduit à l'autosuffisance alimentaire sur le plan qualitatif constituant une solution durable à la malnutrition.

Le projet pilote assuré par un seul expert n'est pratiquement réalisable que pour un nombre restreint de villages au maximum 3 villages. Or la malnutrition touche de nombreux villages dans la région. Pour résoudre complètement ce fléau, le projet doit être réalisé dans tous les villages. Dans le cas où le projet serait financièrement limité, l'intervention doit se faire dans les villages les plus touchés, c'est à dire, le choix du village d'intervention dépend de leur degré de la malnutrition.

Partie technique

Les objectifs à long terme de ce projet sont :

L'amélioration de la santé publique, du niveau d'instruction et de la capacité de production non seulement les sous alimentés mais aussi la nation entière dans la mesure où une nourriture suffisante et de bonne qualité constitue une source de développement corporel dans tout le sens (physique et psychique)

L'amélioration de la source de revenus familiale car la Spiruline constitue un objet de vente sur les marchés locaux et internationaux, donc elle peut jouer un rôle important dans le développement économique.

Les objectifs à court terme de ce projet sont la lutte contre la malnutrition en rendant les communautés villageoises aptes à résoudre elles-mêmes ce fléau, l'amélioration de la qualité d'aliment local par ajout de Spiruline et le changement d'habitude alimentaire de la population en commençant par les enfants.

Situation escomptée à la fin du projet

Toute la famille sait produire la Spiruline et l'utilise en complément alimentaire afin de réduire la malnutrition chez les enfants.

La méthodologie de la mise en œuvre

Ce présent projet est destiné à de nombreux villages touchés par la malnutrition dans la région. Par conséquent, il faut prévoir suffisamment de formateurs suffisants pour assister au démarrage des cultures dans les villages cibles. Ces formateurs jouent le rôle de guide technique dans la réalisation de culture au village. Pour cela, une formation des formateurs pour devenir un véritable technicien en algoculture est primordiale. Le but de cette formation est d'apprendre aux formateurs à devenir capables de diriger les villageois pendant la réalisation de leur culture. La durée de cette formation est un mois dont une semaine de formation théorique sur les techniques de culture. Trois semaines de formation pratique. Le lieu de formation est à l'Institut Halieutique et des Sciences Marines de Toliara où il y a un support pédagogique en algoculture.

Le profil de formateurs est intellectuel de niveau supérieur capable de discuter et travailler ensemble avec les communautés villageoises.

La durée de ce projet est de 5 ans. Un expert, chef du projet assiste pendant toute la durée du projet alors que les techniciens assurent pendant deux ans le démarrage de culture. Les trois dernières années restantes correspondent à la production autonome des familles.

Cette réalisation doit se faire en trois étapes :

La première étape assistée par des techniciens consiste à la réalisation de la culture pilote au village pendant un an avec formation de 4 personnes du village pour suivre cette culture.

La deuxième étape, assisté aussi par les techniciens, en deuxième année concerne le démarrage de la culture familiale de Spiruline au village.

La troisième étape concerne le démarrage pendant trois ans de la culture familiale au village. Il est assuré par le représentant de groupe familial sous la supervision de l'expert.

Calendrier de réalisations du projet

Le Tableau 29 présente le chronogramme de réalisation des différentes activités nécessaires à la réalisation du projet.

Tableau 29 : Ordre chronologique de réalisation des différentes activités du projet.

Activités	Responsable	1ère Année											
		Av	M	J	Jl	A	S	O	N	D	J	F	M
Formation des formateurs	Expert	●━●											
Contacts : Maire : Chef de village : Notables : Assemblée générale :	Chef de Projet = Expert		●━● ●━● ●━● ●━●										
Préparation des outils	Technicien					●━●							
Construction des bassins	Technicien + Stagiaires locaux						●━●						
Démarrage de culture pilote	Technicien + Stagiaires locaux						●━━●						
Récoltes						●━━━━━━━━━━━━━━━━━━━━━━━●							
Formation des responsables de culture familiale	Technicien											●━●	
Création de central d'achat d'intrant	Chef du projet = Expert											●━●	

		2e Année											
		Av	M	J	Jl	A	S	O	N	D	J	F	M
Achat des outils et matériels	Représentant familial + Technicien	●━●											
Construction des bassins	Représentant familial + Technicien			●━●									
Démarrage de culture pilote	Stagiaires locaux			●━━━━━━━━━━━━━━━━━━━━━━●									
Multiplication de la souche	Représentant familial					●━●							

Démarrage de la culture familiale	Représentant familial							●──●						
Suivi de la culture	Représentant familial						●────────────────────●							
		3e au 5e Année												
		Av	M	J	Jl	A	S	O	N	D	J	F	M
Démarrage de culture pilote	Stagiaires locaux			●──────────────────────────●										
Démarrage de la culture	Représentant familial						●────●							
Suivi de cette culture	Représentant familial					●──────────────────●								

Ressources humaines du projet

Ce projet villageois a besoin des techniciens spécialisés capables de conduire une culture de Spiruline. Si on prend 5 communes de la région les plus touchées par la malnutrition et on estime le nombre de village à 20 par commune, ce projet couvre au total 100 villages d'activité. Un technicien peut animer, assurer l'exécution de ce programme sur trois villages. Pour 100 villages, on a besoin de 34 techniciens en algoculture. Quatre personnes de chaque village sont formées pour assurer le suivi en permanence de cette culture pilote. Elles redémarreront cette culture l'année suivante pour assurer la distribution de la souche de Spiruline vivante à chaque groupe de famille cultivateur. Elles aident les villageois à résoudre les problèmes techniques pouvant survenir pendant le démarrage de la culture familiale.

Comme dans la culture pilote, un village a 20 unités de production, les cent villages de 5 communes ciblées ont au total 2 000 unités. Celles-ci correspondent à 8 000 familles bénéficiaires groupées par quatre.

Ressources matérielles du projet

Chaque groupe construit 2 bassins, un de 2 m² et un autre de 10 m². Les matériels et outils de construction sont identiques à ceux mentionnés au chapitre 4.4.2 précédente.

Ces matériels et produits sont disponibles à des prix raisonnables dans le centre d'achat d'intrant régional et fait l'objet d'achat par le budget du projet.

Organisation du projet

Le nombre et les responsabilités de chaque personnel du projet sont résumés comme suit :

Un expert, chef du projet forme les formateurs, assure la coordination générale du projet.

Trente quatre formateurs qui sont des techniciens préalablement formés, animent chacun trois villages, assurent le suivi de la mise en œuvres et la formation technique des bénéficiaires.

Un comptable et un secrétaire assurent respectivement la gestion financière et le saisi des rapports d'activité du projet.

Quatre responsables de culture par villages bénéficiaires, soit 400 au total et un représentant de chaque groupe de famille, soit au total 2 000. Ils sont formés pour assurer respectivement le suivi de la culture pilote et familiale.

Partie financière

Source financière

L'argent est l'un des moyens indispensables pour la mise en œuvre d'un projet. Les villageois, bénéficiaires de ce projet ne possèdent pas ces moyens financiers pour le lancer d'où la recherche de contribution régionale, nationale ou de l'extérieure au financement. En effet, le financement est recherché auprès des organismes extérieurs (Association, banque mondiale …), nationaux (Fonds d'Intervention pour le

Développement), régionaux (Programme de Soutien pour le Développement Rural). Il y a aussi la contribution des bénéficiaires en nature.

L'investissement pendant le projet

Le terrain est fourni par les bénéficiaires, la construction des bassins et le suivi de la culture sont à leur charge. Le Tableau 30 montre la synthèse de l'évaluation de coût de réalisation du projet villageois. Les détails de calcul sont présentés en annexe 7.

Tableau 30 : Bilan en Fmg et en € de coût de réalisation du projet de culture à l'échelle régionale

Désignation	Coût total	
	FMG	€
Investissement	9 892 200 000	824 350
Charge personnel	1 026 000 000	85 500
Equipements	207250 000	17271
Coût de déplacement des formateurs	81 600 000	6 800
Per diem des formateurs	657 900 000	54 825
Total	11 864 950 000	988 746

1euro = 12 000 Fmg

Le coût total d'installation de culture de Spiruline familiale visant à réduire la malnutrition pour 100 villages cibles pendant 5 ans est de **11.864.950.000Fmg** ou **988.746 €**. Ce coût ne couvre que 5 communes sur les 113 touchées par la malnutrition dans le Sud, correspondant à 2 000 groupes de familles, c'est à dire 8 000 familles. Il permet à ces familles d'apporter un complément alimentaire à 24 000 enfants malnutris pendant 4 ans.

Ce projet ne dégage aucun bénéfice direct à caractère financier mais améliore la qualité nutritionnelle des familles défavorisées aux villages donc la santé publique. Il a un impact par la suite sur l'accès à l'enseignement primaire pour tous les enfants d'âge scolaire en milieu rural, sur la capacité productive des adultes, améliore la situation économique d'un ménage.

La connaissance acquise par ce projet permet à chaque famille d'exploiter la Spiruline et orienter la culture à but lucratif pour améliorer la source de revenu familial.

Ce présent projet a une possibilité de synergie avec des autres projets tels que :

ACORDS Appui aux Communes et Organisations Rurales pour le Développement du Sud

CRESAN II Centre de Récupération Sanitaire II par la mis en place des centres de récupération nutritionnelle intensive pour renforcer les actions médicales dans les hôpitaux et les centres de santé de base

SEECALINE Surveillance et Education des Ecoles des Communautés en matières d'Alimentation et Nutrition Elargie par le programme de travaux publics utilisant d'une haute intensité de main d'œuvre et par une rémunération par le système « vivres et monnaie contre travail ». Ce projet mobilise les parents des enfants malnutris et est destiné à la lutte contre la pauvreté, l'insécurité alimentaire et la malnutrition dans les régions qui ont une incidence de la pauvreté particulièrement élevée.

CGDIS Commission Général pour le Développement Intégré du Sud par l'évaluation de la situation alimentaire dans le sud afin de mettre fin au *kere*.

SAP Système d'Alerte Précoce du risque alimentaire ayant pour objectif d'éviter les crises alimentaires dans le Sud de Madagascar en identifiant les zones et population risquant de problèmes alimentaires.

On peut élargir ce projet aux 113 communes touchées par la malnutrition de la région. Dans ce cas on estime   travailler dans 2.260 villages avec au total 45.200 unités de production. 753 formateurs doivent être engagés pour assister au démarrage de culture sur trois villages. Avec la même raisonnement que le projet dans le village pilote, le coût de réalisation pendant 5 ans de ce programme est estimé à **248.717.020.000 Fmg ou 20.726.397,5 €** dont le détail peut résumer au Tableau 31.

Tableau 31 : Détail de coût en Fmg et en € de réalisation du projet de production régionale de Spiruline

Désignation	Coût total	
	FMG	€
Investissement	223 563 720 000	18 630 310
Charge personnel	18 282 000 000	1 523 500
Equipements	207 250 000	17 250
Coût de déplacement des formateurs	1 807 200 000	150 600
Per diem des formateurs	4 856 850 000	404 737.5
Total	**248 717 020 000**	**20 726 397,5**

5 CONCLUSION GENERALE ET RECOMMANDATION

. Cette étude menée de mai 2001 au février 2004 constitue un premier travail sur l'adaptation de la Spiruline souche malgache à la culture en eau de mer. Elle a permis de formuler les conclusions suivantes :

Les conditions climatiques générales de la région étudiée (température de l'air, ensoleillement, précipitation) sont favorables au développement de la Spiruline. Bien que les paramètres physiques et chimiques du milieu de culture se trouvent parfois inférieur à l'optimum 35°C, ils ne montrent pas des valeurs extrêmes susceptibles de perturber l'espèce Spiruline.

Des essais de culture en eau de mer traitée et enrichie (EMTE) dans différents contenants montrent une bonne adaptation de cette souche locale en ce milieu. Dans des flacons de 5 litres on obtient le taux de croissance μ = 0,2 doublement j^{-1}, légèrement supérieur à celui du milieu classique eau douce enrichie (EDE), μ = 0,14 doublement j^{-1}. Dans un bassin de 10 m^2 le taux de croissance μ = 0,2 doublement j^{-1}, la production P = 1,9 g m^{-2} j^{-1} et la récolte R = 1,9 g m^{-2} j^{-1} sont comparables à ceux de EDE dans les mêmes conditions de culture, μ = 0,2 doublement j^{-1}, P = 1,8 g m^{-2} j^{-1} et R = 2 g m^{-2} j^{-1}.

L'analyse chimique de Spiruline produite de l'eau de mer montre qu'elle garde tous les éléments d'importance nutritionnelle (protéine 40%, vitamine et sels minéraux). Bien que certains éléments qui la composent présentent une teneur faible par rapport à la culture dans la littérature (65% de protéine) mais celle-ci est probablement due à la condition de culture que l'on peut améliorer. La comparaison de produit obtenu avec d'autres aliments classiques montre toujours son importance (6 t de protéine ha^{-1} an^{-1} contre 2,5 t pour le soja).

Le coût de production de Spiruline en milieu synthétique est souvent très élevé entraînant le prix de vente de ce micro nutriment hors de portée de la population villageoise touchée par la malnutrition.

L'eau de mer est caractérisée par son pH autour de 8, limite inférieure requise pour le développement de Spiruline, des traces de P, N et du Fe, éléments limitant en général le développement planctonique, une forte quantité de Ca et Mg respectivement 400 et 1200 mg l^{-1}. Ces raisons ont permis de traiter l'eau de mer avec du carbonate de soude pour précipiter certaine quantité de Ca et du Mg et d'enrichir en P, N et Fe.

Le teste de tolérance de deux souches de « Toliara » et de « Paracas » à la culture en eau de mer ne montre aucune différence significative. On démontre aussi par ce même teste que le traitement de l'eau de mer augmente la biomasse de Spiruline obtenue. Par contre il augmente le coût de réalisation d'une culture.

Sans tenir compte du coût de construction des bassins, la réalisation de culture en EMTE pendant un an dans un bassin de 2 m² et de 10 m² coûte 631.880 Fmg. Dans cette étude on essaie d'optimiser ce coût de cette réalisation en procédant des techniques de culture simples mais efficaces, bien adaptées à la réalité au village.

Si on arrive à prouver la faisabilité de culture de Spiruline en eau de mer sans traitement mais enrichie (EME), ceci va diminuer le coût en 388.880 Fmg. Dans le récipient de petit volume, les deux souches testées s'adaptent bien en EME. Il reste à démontrer celle-ci dans le bassin de culture. En ce milieu (EME) même, la substitution de l'énergie électrique en énergies humaine et solaire à la culture réduit considérablement le coût arrivant jusqu'à 119.300 Fmg.

La maîtrise des différents paramètres de telle culture permet de mettre au point d'une unité de production à l'échelle villageoise pour lutter contre la malnutrition dans le Sud en particulier et à Madagascar en général.

La malnutrition est un problème familial. Au village, cette dernière n'a pas la possibilité elle-seule à résoudre ce fléau. Elle devient un problème régional, national et international. Rien ne peut échapper grâce à l'interrelation liant l'une de l'autre. Il faut intervenir pour l'éradiquer. Malgré les efforts déployés pour les organismes de développement (internationaux et nationaux) au cours des deux dernières décennies, la malnutrition reste un fléau dans le Sud de Madagascar. Les promoteurs du projet imposent des innovations techniques dans des populations rurales malgaches qui ont sa propre structure. Plusieurs de ce type de projet sont échoués à cause d'incompréhension entre techniciens « à mentalités modernes » et ruraux « à mentalités traditionnelles » sur des objectifs différents. Les ruraux sont très stricts de leurs traditions et aucune nouveauté n'a vu le jour sans le soutient des décideurs locaux. Il faut leur discuter, essayant de les convaincre avec une marque de respect pour avoir leur assentiment.

Une stratégie de lutte qui semble efficace pour réduire la malnutrition est d'introduire la culture de Spiruline parmi l'activité familiale et incorporer la Spiruline à leur régime quotidien. La région du Sud est écologiquement favorable au développement de ce microorganisme. Malgré la présence des gisements naturels de Spiruline elle reste un aliment nouveau pour la population rurale. De ce fait, une sensibilisation sur l'intérêt de son utilisation et formation sur les techniques de culture de Spiruline sont nécessaires.

L'effet bénéfique de l'ingestion de Spiruline est prouvé dans de nombreuses expériences notamment sur la lutte contre la malnutrition. Même si ces études sont de nature préliminaire et que de plus amples recherches s'imposent, les résultats obtenus jusqu'ici sont prometteurs.

En milieu rural, ce n'est pas toujours facile de convaincre les habitants à changer l'habitude alimentaire surtout chez les adultes. Je pense qu'il est beaucoup plus facile de convaincre les villageois à manger la Spiruline produite de son activité que celle distribuée toute faite.

Par contre, chez les enfants, leurs choix nutritionnels dépend souvent de leur parent et si les adultes refusent eux même de manger la Spiruline, ils doivent accepter de donner à leurs enfants qui sont les premières victimes de la malnutrition.

La culture à l'échelle villageoise, familiale est réalisable mais on a besoin au départ d'assistance technique des spécialistes en la matière et surtout d'aide financière des bailleurs de fonds.

Avant le démarrage de la culture familiale, une culture pilote servant de support pédagogique et de distribution de la souche doit être installer à chaque village cible. De même qu'un centre d'achat équipé des matériaux et d'intrant à des prix abordables doit mettre en place.

En se basant sur une production de 6 g m^{-2} j^{-1} et l'ingestion de 5 g de Spiruline par jour et par enfant, une famille de trois enfants doit construire un bassin de 2,5 m². En pratique le groupement de 4 familles pour conduire une unité de production de 10 m² est avantageux. En réalité, un investissement de 3.522.000 Fmg permet à un groupe de lancer une culture bien adaptée à la réalité au village pendant une année.

Outre les intérêts nutritif et thérapeutique que présente la Spiruline, l'intérêt écologique de sa production est immense dans le sens où elle ne montre aucun danger sur la destruction de l'environnement. Elle permet aussi de valoriser des terrains inutiles à la culture.

La Spiruline se trouve au début de la chaîne trophique. Cette position réduit le risque de transfère aux consommateurs d'importante quantité de métaux lourds. La haute alcalinité du milieu exigée pour le développement de la Spiruline limite considérablement le risque de contamination des organismes pathogènes dans le milieu de culture. La qualité microbiologique du produit dépend d la propreté des matériels utilisés dès la récolte jusqu'à l'emballage des produits finis.

Quelques recommandations pourront être avancées :

Améliorer les conditions de culture en augmentant la ressource lumineuse pour améliorer la production de culture en eau de mer.

Analyse élémentaire de produit du milieu EDE cultivé dans les mêmes conditions que EMTE à titre comparatif.

Introduire la Spiruline au menu quotidien de la population locale pour résoudre le problème de la malnutrition.

Vulgariser la culture de ce micro-nutriment en eau de mer aux villages situés le long des littoraux du Sud de Madagascar.

6 ANNEXES

6.1 Annexe 1 : Sites naturels de Spiruline

6.1.1 *Tchad*

Le lac Tchad (12° à 20° N et 15° à 30° E) a été particulièrement étudié. En effet, la Spiruline domine le phytoplancton et elle est utilisée en alimentation depuis des temps immémoriaux (ltlis 1970) , (Itlis 1974). Ce lac est peu profond (profondeur moyenne de 3,5 m) et présente une superficie fluctuant entre 20.000 et 24.000 km² en fonction de la variation des apports d'eau venant de la rivière Chari qui constitue sa principale source d'alimentation..

Le climat est subdésertique avec une longue saison sèche alternée avec la saison des pluies d'environ 4 mois. La moyenne annuelle de pluviométrie est autour de 400 mm. La moyenne annuelle de la température de l'eau est de 27°C avec deux températures maximales en Juin et Septembre. Il y a un léger minimum en août durant la saison des pluies et une autre plus prononcée en janvier. Le pH de l'eau varie de 7,2 à 9 et la composition chimique de l'eau est dominée par HCO_3^- ; avec $SO4^{2-}$ et du Cl^- seulement en petite quantité. La conductivité de l'eau varie entre 60 µohms dans le delta du Chari et 800 µohms cm^{-1} dans la partie nord du lac.

La zone de récolte est située dans le Kanem à l'Est du lac Tchad, à cheval sur le 14e parallèle (Clément, 1975). Les Spirulines existent, quelquefois en abondance, dans de nombreuses mares natronées soit temporaires soit permanentes (Delpeuch, 1973) in (Clément, 1975)). Le peuplement de Spiruline*s* le plus pur se trouve dans les mares permanentes à forte salinité. Les Spirulines sont poussées par le vent sur les bords de la mare et s'y accumulent en surface. Elles sont alors récoltées par les femmes à l'aide

163

d'écuelles puis transportées dans une jarre ou dans un panier tressé jusque sur la dune voisine. Le contenu est versé dans des cuvettes plates et circulaires faites à la main dans le sable qui fait office de filtre. Un quadrillage est dessiné, et la galette sèche au soleil jusqu'à ce qu'elle forme une croûte de 1,5 à 2 cm d'épaisseur, qui sera ensuite découpée en morceaux. Elle est vendue au marché sous le nom de « dihé ».

6.1.2 *Mexique*

Le lac Texcoco est situé à une trentaine de kilomètres au nord de Mexico. Les Spirulines étaient consommées par les populations aztèques vivant au voisinage du lac avant la conquête espagnole. Une boue flottante à la surface des eaux saumâtres et non buvables du lac que l'on appelait à l'époque «excrément de pierre» était récoltée à l'aide de filets, séchée au soleil, puis cuite et consommée sous le nom de «Tecuitlatl» (Clément, 1975).

Ce lac était à l'époque asséché et était devenu un site d'exploitation de saumures. Depuis de nombreuses années, les saumures en réserve dans le sol étaient extraites, pompées et concentrées dans un énorme évaporateur solaire construit par Sosa Texcoco S.A., un gros producteur de carbonate de soude et de soude caustique. Les ingénieurs de la compagnie ont remarqué à chaque extraction la présence de Spirulines dans l'anneau extérieur de l'évaporateur d'une surface de 500 ha.

6.1.3 *Madagascar*

Géographiquement, Madagascar se situe dans une zone favorable au développement de la Spiruline (35° Nord et 35° Sud de l'équateur). Le climat chaud et sec presque toute l'année dans toute la côte Ouest de l'île semble favorable à la croissance de cette algue. La présence de

Spiruline est constatée pour la première fois en 1994 par le Dr Kim Nguen Ngan, un coopérant vietnamien en mission d'enseignement à l'université de Toliara. En septembre de la même année, Madame Kim en collaboration avec Françoise Thau, Gérald Brulé, R. D. Fox et sa Femme confirme qu'il s'agit de l'*Arthrospira*. Fox a classé cette algue *Arthrospira platensis* variété Toliara car elle a une particularité qui la différencie de la même espèce trouvée ailleurs (Fox, 1999a). Jusqu'à maintenant les gisements naturels trouvés se localisent dans la partie Sud Ouest, dans la région de Toliara (Angevin, 1995) in (Ravelo, 2001). Ce même auteur a affirmé aussi que lors des prospections réalisées, on a pu observer des mares et des lacs à Spiruline entre Manombo et Saint Augustin mais aucune entre Saint Augustin et Fort Dauphin (Ravelo, 2001). La zone allant de Manombo à l'extrême Nord Ouest n'a pas encore été prospectée.

Les caractéristiques générales des lacs ou mares à Spiruline de Toliara sont les suivantes :

Les étangs sont situés sur un ancien fond marin, couvert par environ 8 m d'alluvions (Fox, 1999a) à travers lesquelles coule largement l'eau douce provenant des falaises ou des collines de l'arrière pays calcaire. Les sels de l'ancien lit marin remontent en surface pour fournir les éléments minéraux nécessaires au développement de la Spiruline, tandis que l'eau qui descend des collines calcaires alimente les étangs et fournit du bicarbonate (Fox, 1999a). Durant toute l'année, la précipitation est faible, la saison des pluies est courte. C'est la zone la plus sèche de Madagascar, dans laquelle la température moyenne annuelle de l'air la plus élevée. La période d'ensoleillement dans l'année est élevée, de ce fait l'évaporation est maximale.

Des vents réguliers agitent parfaitement les étendues d'eau qu'il s'agisse de brises de terre dans la matinée et de brises de mer au début de l'après midi. Toutes ces conditions climato-pédologiques rendent possibles la présence d'étendues d'eau alcaline riche en sels minéraux favorables à la croissance de Spiruline.

6.1.4 *Pérou*

Les informations recueillies par Gilles Planchon et Charito Fuentes de l'association «Les Idées Bleues» ont permis de caractériser ce site. Sur la côte pacifique, l'eau du lac Paracas au Pérou est influencée par l'eau de mer. Ce milieu présente une salinité de 30 g l^{-1} et son pH, proche de celui de l'eau de mer, tourne autour de 8,5 – 9. Il est riche en soufre, calcium, magnésium et silice. A l'état naturel, la Spiruline « Paracas » se développe sur la base d'un fond argileux et d'une boue noire qui serait le résultat de la fermentation anaérobie des algues mortes.

6.1.5 *Birmanie*

Au Myanmar (Ex-Birmanie), des gisements naturels de Spiruline sont trouvés dans trois lacs de cratère bicarbonatés et un petit lac peu profond riche en sulfate (Fox, 1999a).

Ces lacs se trouvent environ à 100 Km au Nord Ouest de Mandalay, dont les caractéristiques sont résumées dans le tableau 32.

Tableau 32 Caractéristiques des lacs au Myanmar selon Fox (1999).

Lacs	Surface	pH	Profondeur	Site
Twyn Taung	80 ha	9,5	50	Dans les
Twyn Ma	60 ha	10,0	?	« Caldeira » de
Taung Pyank	30 ha	10,0	30	volcans éteints
Ye Kharr	10 ha	8,6	10	

La récolte se fait à bord de petits bateaux. Des bambous flottants rassemblent les algues en masse. On les récupère dans des seaux que l'on hisse à bord. A terre, la bouillie est filtrée, compressée, rincée à l'eau douce et à nouveau filtrée dans des sacs filtres sous pression. La pâte obtenue est extrudée en « nouilles » fines à l'aide d'une presse à main et étalée sur des plateaux de 2 m² pour sécher au soleil. Les Spirulines sèches sont moulues et transformées en comprimés. En 1993, la production était de 30 tonnes (en 1998 : 100 tonnes).

6.2 Annexe 2 : Les différents essais de culture de la Spiruline à des fins humanitaires

6.2.1 *Les projets en Afrique*

Burkina Faso

Le projet Koudougou, réalisé et financé par la Fondation Gaz de France est cogéré par Codegaz et le diocèse de Koudougou. En Février 2000, 175 m² de bassin sont mis en service. Un an plus tard déjà, 750 m² de bassin sont en activité. L'autonomie financière était atteinte 5 mois après la mise en route. La production est faible 3,2 g m^{-2} j^{-1}. Le produit est vendu à deux niveaux de prix : un prix commercial (130 – 170 FF) qui représente 70% de la production et un prix humanitaire (80-130 FF) qui concerne 30% de la production.

Des tranches successives de constructions de bassins ont porté la surface à 900 m² et en terme de biomasse, près de 2 tonnes de Spiruline avaient été produites fin 2003.

Nayalgué : Pierre Ancel a lancé un projet d'une nouvelle ferme de 36.000 m² pour couvrir les besoins du Burkina Faso. Cette réalisation se fera à Nayalgué (à côté de Koudougou) et sera financé par le gouvernement burkinabé sur des crédits PPTE (remise de dettes par la France). Le gouvernement burkinabé accorde une grande attention sur le volet santé du projet et en particulier une partie de la production sera réservée à l'aide aux personnes atteintes du VIH (25% pour le secteur humanitaire).

Lumbila : Vincent Guigon (Antenna Technologie) a revitalisé un projet déjà ancien entrepris à Lumbila (non loin de Ouagadougou) par l'Eau Vive avec ITAQUE d'abord, puis avec Sébastien Couasnet (Antenna Technologie). L'objectif du projet est de rénover 4 bassins de 10 m² et construire 12 bassins de 60 m² soit à terme 760 m².

Nanoro : remise en route par Jacqueline et Roger Cousin d'une installation démarrée en 1996 par Etienne Boileau et Pierre Ancel, en association avec des Pères Camiliens. Deux bassins de 9 et 10 m² sont maintenant en service.

Togo

Pierre Ancel, avec l'aide de Gaz de France et CODEGAZ, avait lancé en 1997 une production de Spiruline à l'hôpital de Dapaong (nord du Togo). Les 54 m² de bassins construits sont toujours en service. Les Spirulines est distribuée aux enfants malnutris venant en consultation.

En 2003, l'association SVP (Spirale Verte et Partage), déjà partenaire de divers projets au Mali avec l'association Liber'Terre, a répondu à la demande d'un village du Togo « Agou Nyogbo ». Un premier bassin de 10 m² a été mis en culture par Laurence Villaz et Cédric Coquet.

Sénégal

Le projet Bambey est piloté par Antenna Technologie et appuyé localement par le CNRA (Centre National de la Recherche Agronomique Sénégalais) et une association Education Santé. Quatre bassins en ciment couverts de film de serre de 50 m², sont utilisés. L'agitation et la récolte sont assurées par une pompe vide cave modèle Guinard de 250 W. La production initiale est en moyenne 10 g m^{-2}j^{-1}.

Benin

Le projet à Dagouvon : Avant le lancement de ce projet, la Spiruline sèche était importée grâce au financement du Comité des Amis d'Emmaüs des Ulis. Le projet proprement dit est à financement multiple : en 1993, un bassin en bâche soutenue par un cadre en bois de 4 m² est installé par Etienne Boileau. En 1995, 2 bassins en dur de 8 m² financés par

169

Codephi sont mis en service et 2 autres supplémentaires de 8 et 5 m² en 1998 financés par un don de Mr Servant (Côte d'Ivoire). L'agitation est manuelle et toute la production est distribuée fraîche aux malades. Des traitements sont administrés aux jeunes enfants malnutris ainsi qu'à des personnes opérées d'ulcères de Buruli et des sidéens, pour renforcer leurs défenses immunitaires.

Le projet à Pahou : Un projet UPS (Unité de Production de Spiruline) est réalisé en partenariat avec le CREDESA (Centre Régional pour le Développement et la Santé), établissement béninois semi-public placé sous le tutelle du Ministère de l'Enseignement Supérieur et de la Recherche Scientifique et deux organismes étrangers : GERES, ONG française experte en particulier dans le séchage des denrées alimentaires et du TECHNAP, ONG française déjà impliquée dans la réalisation de Davougon. Ce projet a été financé par l'Union Européenne et le Ministère Français des Affaires Etrangères. En 1998, 8 bassins en bois surmontés de bâches plastiques de 250 m² sont mis en route donnant en moyenne 410 kg j^{-1} de Spiruline. En 2000, tous les bassins sont envahis par des Spirulines droites, la récolte est impossible d'où le ré-ensemencement d'une nouvelle souche « Paracas ». En 2002, les bâches en PVC sont abîmées. Trois nouveaux bassins de 15, 12,5, 12,5 m² sont aménagés en bâches posées sur des structures en parpaings posées sur le sol. La saison des pluies de juin provoque des pertes par débordement à la suite d'inondations. La Spiruline se vend mal, particulièrement dans le secteur humanitaire en raison d'un prix de revient qui reste trop élevé. Une étude de marché est en cours pour remédier à ce problème. En 2003 une extension de 500 m² de bassins en béton ou en parpaing revêtus intérieurement de bâches plastiques a été mis en place grâce au financement japonais. Chaque bassin a un agitateur qui est un ensemble composé d'un moteur électrique, de système de poulie et d'une roue à aube. La production annuel était de l'ordre de 460 kg. La vente des produits est en sachet de 25 g sous forme de comprimés ou en gélules. La Spiruline est distribuée au secteur humanitaire à travers des organisations comme SOS village d'Enfants, des dispensaires. Le PPLS (Programmes Prioritaire de Lutte contre le Sida) apporte un appui officiel à la Spiruline.

Centre Afrique

Les premières cultures de Spiruline en Centre Afrique ont été lancées à Bangui par Gilles Planchon en 1995 au dispensaire du Foyer de Charité. Actuellement un projet, constitué par des bassins sous toiture de 140 m², est financé en partie par l'OMS. L'agitation est assurée par l'énergie photovoltaïque. La productivité est en moyenne de 4 g $j^{-1}m^{-2}$. La production est en totalité à but humanitaire.

Le groupe Kénose, présidé par Jean-Denis Ngobo, est entièrement construit et géré par des centrafricains avec une petite aide financière extérieure, (Antenna). L'objectif principal est de diffuser la connaissance et la culture de la Spiruline. Actuellement le groupe exploite 100 m² de petits bassins. Kenose est impliqué dans un programme de fourniture de Spiruline au CNLS (Centre National de Lutte contre le Sida).

La COPAP, coopérative agro piscicole de N'dress, exploite 150 m² de bassins de Spiruline avec l'aide de Nutrition Santé Bangui, ONG basée à Nantes et représentée par Martial Perraudeau. C'est un projet à but humanitaire. Il est en collaboration avec un dispensaire local sur l'action de prévention de la malnutrition.

Gabon

Gérard Bruyère (Technap et Codegaz) a lancé en 2003 avec le soutien financier de TOTAL/ELF un bassin expérimental de 10 m². La Spiruline produite est distribuée à l'hôpital voisin. Cette réalisation a été conçu comme une première étape pour un projet plus important.

Mali

A Tacharame, un village près du fleuve Niger et de Gao, Adrien Galaret (Association Liber'Terre basée à Cajarc) a lancé en 2002-2003 une construction de 3 bassins ronds de 3 m² chacun.

A Safo, à côté de Bamako, Vincent Guigon (Antenna Technologie) a lancé un projet en 2 étapes : 2 x 25 m² puis 2 fois (2 x 50 m²).

Niger

Un projet a été mis en place à Bermo au dispensaire de la mission catholique Notre-Dame des Apôtres, dirigée par Sœur Odile Lesenne, grâce à un financement de l'association Tibériade « La Gazelle de Puits de Bermo ». Deux bassins en béton de 15 m² sont installés par Yves Lesene et mis en culture par Marie-Jeanne Batbedat. Un problème d'étanchéité a été résolu par la pose d'un enduit glacé. La Spiruline est exclusivement nourrie grâce à des produits disponibles localement (natron, N.P.K. importé). Avant l'installation d'une centrale solaire au dispensaire, l'agitation s'effectuait manuellement. La ferme a produis 410 kg de biomasse en 2003 et la production est utilisée entièrement par le dispensaire. Elle est techniquement autonome grâce à l'utilisation des produits nutritifs locaux (natron en particulier).

Un projet a été réalisé à Agharous par l'association Targuinca de Sonia Sales en partenariat avec ADDS (Association pour le

Développement Durable et la Solidarité) fondée par Issouf Maha. Ce dernier dirige un Centre d'Agro écologie et de développement intégré d'Agharous, un centre de formation et de recherche sur les techniques agricoles adaptées à l'environnement oasien. En Mars-Avril 2002, deux bassins de 13 m² (banco et bâches plastiques) sont installés dans le centre. La souche Paracas ensemencée est agitée à la main et la Spiruline est consommée sèche, aliment de choix de la population de zone nomade en particulier les touaregs. Les récoltes sont distribuées gratuitement aux familles d'Agharous. En Mai, la productivité atteignait $9 \text{ g m}^{-2} \text{ j}^{-1}$

A Niamey, Codegaz a préparé un projet de 200 m² avec l'Evêché, en partenariat avec le BALD (Bureau d'Animation et de Liaison pour le Développement).

Madagascar

Un projet à Morondava est financé par Codegaz, Technap et le diocèse de Morondava. En 2001, deux bassins de 12 et 3 m² sont installés dans l'enceinte du dispensaire Fanantenana Morondava. Ces bassins sont surélevés de 70 cm au-dessus du sol pour éviter le risque d'inondation. Six personnes travaillent sur ce projet. La souche ensemencée est la Paracas et la production atteint $10 \text{ g m}^{-2} \text{ j}^{-1}$. Le diocèse envisage pour bientôt, une extension de 400 m², dans le but de fournir de la biomasse sèche à des religieuses, financées par Codegaz, qui s'occupent des soins quotidiens des populations démunies.

Un projet à Toliara est financé par Antenna Technologie et la Fondation pour l'alphabétisation dans le Sud de Madagascar, présidée par Mr. Attilio BRENTINI. En 2002, 40 m² de bassins en béton, sous toiture et ombrage, sont installés à côté du campus universitaire à Maninday à 5 km de la ville

173

de Toliara. Une extension de 6 bassins de 10 m^2 est réalisée en 2003. Les bassins sont ensemencés par la Spiruline souche locale (*S. Platensis* var. Toliara) et agités par des pompes à aquarium. La productivité moyenne annuelle de 100 m^2 de surface de culture est de 6g m^{-2}j^{-1}, soit 600 g de Spiruline sèche par jour pour 10 mois d'activité par an. Une partie de la production est destinée au centre de rééducation nutritionnelle des assomptionnistes de Belemboka à Toliara et au dispensaire catholique d'Ihosy. L'autre partie est destinée à la commercialisation, pour assurer le fonctionnement de la ferme. Le prix d'un kilo de Spiruline varie donc de 100.000 Fmg à 500.000 Fmg, soit 10 à 50 Euros selon la possibilité financière des clients. Actuellement, ce site est en extension avec la construction de 4 nouveaux bassins de 20 m^2.

6.2.2 *Les projets en Asie (Inde)*

A l'Université de Rajastan, Mme (Dr) Pushpa Srivastana, après le succès des productions artisanales de Spiruline dans des villages de cette province, a transposé cette politique en l'offrant aux victimes du tremblement de terre de Gujarât. Elle a formé 286 femmes à l'algoculture et une production dans 600 m² est en marche. Une unité de production sponsorisée par le Gouvernement a été implantée à Halvad pour apporter un revenu aux femmes vivant dans la zone de Gujarât. Une autre unité a été établie à Burthal où 175 femmes en dessous de seuil de pauvreté ont été éduquées pour cultiver la Spiruline.

La communauté d'Auroville (Inde) a 25 ans d'expérience en matière d'agro écologie et pratique d'algoculture depuis 1970. En 1990, Bonavantura Chanson a créé un projet de culture de Spiruline « Simplicity's Spirulina Farm » et introduit la consommation de cette algue dans la communauté.

Après son décès, Hendrick, ingénieur hollandais, a réalisé ce projet en partenariat avec le centre de santé local. Depuis 1997, Hendrick et 8 femmes intouchables, produisent de la Spiruline. La communauté possède 10 bassins en ciment de 30 m² chacun. Ces bassins sont agités manuellement jour et nuit. Ils sont protégés par des films plastiques en saison des pluies. La production moyenne de 450 kg an^{-1} dans cette ferme a permis un apport en complément alimentaire de 1g j^{-1} pour 1370 personnes chaque année. Une partie de la Spiruline fraîche est distribuée aux enfants, une autre partie de la récolte est vendue à 20 $ kg^{-1}.

Le but du projet réalisé à Madurai consiste non seulement à produire de la Spiruline mais aussi à lancer un programme de droits de l'homme en libérant les « intouchables » qui sont des indiens considérés comme appartenant à des castes inférieures, souvent exploitées et maltraitées. En effet, le projet offre du travail aux intouchables dans deux fermes de Spiruline. Le premier, 180 m² de culture répartie en bassins de 18 et 20 m². Le deuxième centre est constitué par 150 m² de bassin. Six autres centres sont créés aux alentours de ces deux fermes, gérés par des institutions ou par des communautés villageoises. Parallèlement à la culture de la Spiruline, se développent d'autres activités : production de plantes médicinales et ornementales, élevage de poissons exotiques, production de semences. De ce fait les centres atteignent 90% d'autonomie financière et bénéficient de 10% d'appuis externes. La production totale est de 100 kg par mois à des prix de revient de 50,20 $ le kilo. 10% de cette production est vendue à l'association locale des diabétiques. La majeure partie, 60%, est distribuée aux enfants de 0 – 5 ans sous forme de mélange millet-sucre-Spiruline (1g/dose). Le prix de revient du mélange est 5,50 $ le kilo. Dans chaque village, une femme à assure   la responsabilité de la distribution.

Le reste de la production, 30%, est vendu à des privés.

6.3 Annexe 3 : Les productions industrielles dans le monde

Elles sont classées selon leur situation géographique:

6.3.1 *Les fermes localisées dans des déserts de la zone tempérée*

Earthrise Farms aux USA : Aux U.S.A., dans l'Impérial Valley, en Californie du Sud, la ferme de culture de Spiruline appelée Proteus Corporation, créée par Lawrence Switzer en 1975, est détruite par des inondations. Après avoir été déplacée sur un terrain plus élevé, en 1983, elle est changée en Earthrise Farms et devient propriété de Dai Nippon Ink Corporation. La ferme dispose d'excellents équipements : dix bassins de 5 000 m² brassés par des roues à aubes et de nombreux petits bassins d'ensemencement. En 1988, dix autres bassins sont ajoutés et en 1995, la taille d'Earthrise Farms est de nouveau doublée pour atteindre 20 hectares. Les opérations de récolte, de séchage sont les mêmes que celles de Sosa Texcoco c'est à dire la culture est passée sur une série de filtre inclinés. L'algue reste en surface pendant que l'eau traverse les filtres et est renvoyée dans le bassin de culture. Un épaisse pâte de Spiruline descend vers le bas des filtres , poussée doucement par des jets d'eau douce qui rincent également les sels détenus dans les algues. La bouillie tombant des filtres est entraînée vers un filtre à vide où elle est essorée à environ 60% d'humidité. Ceci produit une pâte épaisse de Spiruline. La bouillie essorée est broyée et pasteurisée en 63°C pendant quelques minutes avant d'être séché dans un séchoir à atomisation classique.

La bouillie pasteurisée entre au sommet de séchoir où, sous forte pression, elle est poussée à travers un injecteur pulvérisant dans une chambre chauffée à basse pression. Le léger   brouillard d'algue suit un circuit cyclonique jusqu'au bas du séchoir où il tombe dans des sacs en plastique de qualité alimentaire. La fine poudre de 3-5% d'humidité est immédiatement empaquetée hermétiquement : elle est prête pour expédier. En 1996, Earthrise devient le plus gros producteur mondial de Spiruline. Des laboratoires modernes avec des personnels qualifiés assurent le contrôle strict de qualité de chaque phase d'exploitation (bassins d'algue, récolte, séchage et conditionnement).

EinYahav Algae en Israël et H.K. Spirulina en Israël : Desert Research Institute Israélien n'a pas eu de succès malgré plus de 20 ans de recherche sur la production à grande échelle en milieu désertique (Henrikson, 1999). Japan Spirulina Company sur l'île Myako au Japon : Peu d'informations ont été recueillies sur cette compagnie.

6.3.2 *Les fermes au niveau du tropique du Cancer*

Cyanotech Corporation : Aux U.S.A. encore, sur la Grande Ile dans l'archipel d'Hawaï, à proximité immédiate de l'aéroport de Kona, sont situées les installations modernes de Cyanotech Corporation, qui participe au projet « Nelha » d'énergie naturelle d'Hawaï. En 1996, disposant de conditions naturelles très favorables à la culture de Spiruline, Cyanotech en produit sur une surface de 12 hectares. Les bassins en matière plastique de 3000 m² chacun, brassés par des roues à aubes, constituent le champ de culture. La récolte se fait par des filtres vibrants et le séchage par séchoir à atomisation (Fox, 1999b)

En Chine continentale, de nombreux sites de production de Spiruline ont été créés et le gouvernement chinois a placé en 1990 la Spiruline parmi les priorités de développement (Durand-Chastel, 1993). Grâce à cette stratégie, l'industrie de Spiruline se développe rapidement et actuellement on trouve plus de 80 usines de production de Spiruline avec une production annuelle totale de 350 t de poudre sèche (Henrikson, 1999).

Siam Algae Company en Thaïlande : En Thaïlande près de Bankok, est installée en 1979 la Siam Algae Company, filiale de la Dai Nippon Ink and Chemical Corporation qui appartient au groupe Sumitomo du Japon (Durand-Chastel, 1993). Cette société produit de la Spiruline dans des bassins en ciment brassés par des roues à aubes. Elle utilise le même procédé de récolte et de séchage que le Sosa Texcoco. Elle produit 100 tonnes de Spiruline par an sur une surface de 2 hectares (Fox, 1999a). La hausse de productivité est due à la condition climatique favorable à la croissance de ce micro organisme. Les températures sont élevées 27 à 38°C, il y a toujours des nuages qui protègent contre la photolyse, la pluie fréquente remplace l'eau perdue par évaporation. Le Japon est le meilleur importateur de Spiruline produite par cette ferme.

Parry Nutraceuticals en Inde : Cette compagnie a lancé en Inde une production commerciale de Spiruline dans une ferme de 120 acres à Oonaiyur, un hameau de Tamil Nadur, loin de la pollution industrielle et agricole et loin des villes. Elle produit 170 MT par an, les bassins sont du type « race-way » c'est à dire de forme rectangulaire, munis de séparation médiane, agités par une roue à aube. Un laboratoire assure quotidiennement une analyse microbiologique de qualité de produit et un contrôle des impuretés qui se produisent au sein de la culture. Elle dispose des bassins de semence ; de la salle de récoltes à laquelle la biomasse récoltée est lavée et concentrée sur des écrans vibrateurs et autres concentrateurs puis séchée au « spray-drier » et pulvérisée en fines poudres de densité variables. Les Spirulines produites sont exportées vers plus de 30 pays avant d'approvisionner le marché local. Elles sont commercialisées sous forme de poudre, tablettes et capsules.

6.3.3 *Les fermes au niveau du tropique du Cancer*

Sosa Texcoco au Mexique : Sosa Texcoco était le seul producteur mondial de Spiruline en 1976 mais il n'existe plus actuellement.

> Sosa était le plus important producteur de soude et de carbonate de sodium de l'Amérique latine. L'usine récupérait ces produits par l'évaporation naturelle des lacs Texcoco à Mexico. Du bord extérieur de l'évaporateur solaire spiral appelé « Caracol » (escargot) de 4.3 km de diamètres, l'eau s'écoulait lentement vers le centre à travers une piste de 900 ha pendant une période de six mois à un an. L'on constatait alors que l'eau était envahie par l'*Arthrospira geitleri*, une algue microscopique identique à celle récoltée par les Aztèques dans le passé. Hubert Durand Chastel, directeur du Sosa Texcoco a sollicité l'avis de Geneviève Clément de l'Institut Français du Pétrole pour résoudre ce problème.
>
> La solution à cette invasion a été non pas d'éradiquer l'algue mais de la récolter. Après formation du personnel du Sosa aux techniques IFP, la culture de la micro algue *Spirulina* a démarré. De petits bassins d'ensemencement ont été construits pour alimenter les grands bassins. 24 hectares de bassins peu profonds et deux bassins plus grands dont l'un de 120 m² et l'autre 700 m² ont été installés. Des techniques industrielles de collectes, de séchage par pulvérisation et de conditionnement se sont développées. L'usine produisait plus de 300 tonnes de poudre de Spiruline par an.

Taïwan : Il existe 4 compagnies (Nan Pao Chemical Co, Ltd, environ 6 hectares Blue Continent Co, environ 3 hectares, Tung Hai Chlorella Co, environ 3 hectares, Far East Microalgae) mais peu d'informations sont disponibles.

6.3.4 *Une ferme près de l'équateur*

En 1999, Biorigin, une compagnie suisse produisait de la Spiruline dans la région de Quito en Equateur. Son installation est moderne, propre donnant un produit de qualité, conditionné sous forme de micro granules faciles à utiliser (Fox, 1999a).

6.3.5 *Une ferme au sud du tropique du Capricorne*

Solarium Biotechnology placée dans le désert d'Atacama (Chili) : Cette ferme a actuellement atteint une échelle industrielle après 15 ans d'expérience à différents niveaux de production. L'entreprise Solarium a une expertise suffisante pour aider au développement de projets de production industrielle. Elle dispose d'un laboratoire de maintenance de la souche, de contrôle de culture et des produits. Les bassins de production sont du type « race-way ». Ils sont couverts pendant la saison froide alors qu'en saison chaude, une partie de chaque bassin est ombragée pour contrôler la lumière. Ils sont agités à l'aide de roues à aube. La récolte se déroule dans une salle spéciale dans laquelle on trouve une chambre de pré concentration de la culture puis la filtration proprement dite. La biomasse récoltée a séché à l'aide de « spray-drier ». Une fois séchée, elle est conditionnée sous forme de poudre, tablette et gélule et stockée dans des boites hermétiques ou bien des cartons sellés.

Notons que la principale limitation de la production pour les fermes situées dans les plus hautes latitudes par rapport aux autres est qu'elles ont une saison de croissance plus courte (environ 6 mois par rapport à 9 -12 mois) car elles reçoivent moins d'insolation. Cependant, Taiwan présente des résultats plus faibles car elle subit l'influence des orages d'été nuisant à sa production. Un autre facteur pouvant expliquer les différences de productivité entre les fermes est la taille des bassins : plus ils sont grands moins la productivité est bonne.

6.4 Annexe 4 : Valeurs des paramètres physiques, chimiques et biologiques des différentes cultures expérimentales

6.4.1 *Dans le bassin de 10 m² en milieu EMTE*

Dates	Jours	Sali	T°C	pH	Secchi (cm)	Spires	Filaments ml^{-1}	Spires ml^{-1}	µ (spires)
23/12/02	1	45	29	9,98	9	3	97750	316058	
24/12/02	2	45	30	10,01	9	3	136000	421600	
26/12/02	4	45	28	10,01	8	3	182750	481242	
27/12/02	5	45	27	10,03	7	3	191250	522750	
28/12/02	6	45	26	10,06	6	3	204000	544000	
29/12/02	7	45	26	10,1	5	3	212500	616250	
30/12/02	8	45	29	10,06	5	4	216750	838100	
31/12/02	9	45	28	10,06	5	3	225250	615683	0,07
01/01/03	10	46	27,5	10,05	5	3	229500	634950	
02/01/03	11	46	27	10,08	4	3	233750	636767	
03/01/03	12	46	25	10	5	3	238000	690200	
04/01/03	13	46	27	10,05	4	3	242250	621775	
05/01/03	14	46	27	10,04	4	3	246500	624467	
06/01/03	15	46	27	10,06	4	3	250750	702100	
07/01/03	16	46	27	10,08	4	3	255000	731000	
08/01/03	17	46	27,5	10,07	4	3	259250	751825	
09/01/03	18	47	27,5	10,05	4	3	263500	746583	
10/01/03	19	47	31	10,06	3	3	267750	722925	
11/01/03	20	47	27	10,08	3	3	272000	843200	
12/01/03	21	45	28	10,08	5	3	127500	374000	
13/01/03	22	45	26	10,12	4	3	182750	517792	
14/01/03	23	47	26,5	10,12	4	3	208250	631692	0,16
15/01/03	24	48	28	10,17	4	3	225250	683258	
16/01/03	25	50	26	10,2	4	3	229500	696150	
17/01/03	26	50	27	10,21	3	3	233750	670083	
18/01/03	27	50	26	10,22	3	3	238000	737800	
20/01/03	29	45	27	10,24	6	3	89250	264775	
21/01/03	30	47	27	10,28	5	3	110500	316767	
22/01/03	31	47	27	10,3	4	3	165750	430950	0,30
23/01/03	32	47	28	10,36	4	3	212500	623333	
24/01/03	33	50	26	10,37	4	3	246500	821667	
25/01/03	34	50	30	10,45	3	3	310350	900015	
27/01/03	36	50	26	10,52	3	3	374000	1122000	
28/01/03	37	50	25	10,47	5	3	148750	416500	
29/01/03	38	50	28	10,74	5	3	157250	492717	
30/01/03	39	50	25,5	10,76	4	3	170000	470333	
31/01/03	40	50	23	10,52	4	3	195500	514817	
01/02/03	41	50	26	10,5	4	3	204000	523600	0,16

Dates	Jours	Sali	T°C	pH	Secchi (cm)	Spires	Filaments ml^{-1}	Spires ml^{-1}	μ (spires)
02/02/03	42	50	26	10,48	4	3	216750	592450	
03/02/03	43	50	28	10,49	4	3	238000	690200	
04/02/03	44	50	29,5	10,48	3	3	327250	861758	
05/02/03	45	50	28	10,51	3	3	331500	961350	
06/02/03	46	51	28	10,49	3	3	335750	960940	
07/02/03	47	50	27	10,45	3	3	416500	1235617	
08/02/03	48	45	28	10,41	5	3	114750	340425	
09/02/03	49	45	29	10,44	5	3	140350	397658	
10/02/03	50	45	29	10,45	4	3	187000	585933	0,34
11/02/03	51	45	28	10,54	4	3	238000	729867	
12/02/03	52	45	28	10,52	4	3	297500	872667	
13/02/03	53	46	29	10,46	4	3	420750	1220175	
14/02/03	54	46	28	10,35	3	3	497250	1408875	
15/02/03	55	34	26	10,36	7	3	148750	461125	
16/02/03	56	34	30	10,33	7	3	199750	639200	
17/02/03	57	35	29	10,39	7	3	212500	651667	
18/02/03	58	36	29	10,4	6	3	276250	819542	
19/02/03	59	36	29	10,45	6	3	323000	958233	0,11
20/02/03	60	36	30	10,42	5	3	344250	1021275	
21/02/03	61	37	29	10,43	5	3	348500	1057117	
22/02/03	62	37	29,5	10,42	5	3	352750	1022975	
23/02/03	63	37	29	10,38	5	3	357000	1094800	
24/02/03	64	37	29	10,34	4	3	361250	1107833	
25/02/03	65	37	27	10,33	4	3	369750	1072275	
26/02/03	66	38	26	10,3	5	3	374000	1097067	
27/02/03	67	37	26	10,26	6	3	136000	403467	
28/02/03	68	37	27	10,22	6	3	140250	392700	
Moyenne		**45**	**28**	**10,29**	**4**	**3**	**242449**	**706568**	**0,19**
ET		4,9	1,5	0,20	1	0	86368	256789	0,11
Nb obs		65	65	65	65	65	65	65	6
ES		0,61	0,18	0,02	0,16	0,03	10712	31861	0,04
Min		34	23	9,98	3	2,53	89250	264775	0,07
Max		51	31	10,76	9	3,87	497250	1408875	0,34

Notes : *Sali : salinité (g l^1) ; T °C : température de culture (°C) ; pH : valeur du pH, Secchi : valeur du disque de Secchi (cm), Spires : nombre de spires par filament, Filament ml^1 : nombre de filament par ml, Spires ml^1 : nombre de spires par ml, μ (spires) : taux de croissance calculé à partir du nombre de spires (doublement j^1), ET : écart type ; Nb obs : nombre d'observation ; ES : écart standard ; Min : valeur minimale Max : valeur maximale*

Dans le bassin de 10 m² en milieu EMTE (suite)

Dates	Jours	PS (g l⁻¹)	μ (PS)	Vol cult (l)	P (g m⁻²j⁻¹)	P (mg l⁻¹ j⁻¹)	Vol filtré (l)	PS récolté (g)	R (g m⁻² j⁻¹)
23/12/02	1	0,16							
24/12/02	2	0,13							
26/12/02	4	0,18							
27/12/02	5	0,08							
28/12/02	6	0,22							
29/12/02	7	0,34							
30/12/02	8	0,14							
31/12/02	9	0,26	0,09	1337	2,7	20			
01/01/03	10	0,24							
02/01/03	11	0,41							
03/01/03	12	0,22							
04/01/03	13	0,27							
05/01/03	14	0,27							
06/01/03	15	0,37							
07/01/03	16	0,47							
08/01/03	17	0,50							
09/01/03	18								
10/01/03	19	0,51							
11/01/03	20	0,54					465	173	1
12/01/03	21	0,36							
13/01/03	22	0,38							
14/01/03	23	0,41	0,12	1211	4,5	37			
15/01/03	24								
16/01/03	25	0,50							
17/01/03	26	0,58							
18/01/03	27	0,58					560	255	4
20/01/03	29	0,24							
21/01/03	30	0,30							
22/01/03	31	0,41	0,21	1242	7,5	60			
23/01/03	32								
24/01/03	33	0,56							
25/01/03	34	0,57							
27/01/03	36	0,66					373	227	3
28/01/03	37	0,27							
29/01/03	38	0,40							
30/01/03	39	0,40							
31/01/03	40	0,44							
01/02/03	41	0,46	0,11	1186	3,7	31			
02/02/03	42	0,55							
03/02/03	43	0,50							

Dates	Jours	PS (g l⁻¹)	μ (PS)	Vol cult (l)	P (g m⁻²j⁻¹)	P (mg l⁻¹ j⁻¹)	Vol filtré (l)	PS récolté (g)	R (g m⁻² j⁻¹)
04/02/03	44	0,57							
05/02/03	45	0,58							
06/02/03	46	0,53							
07/02/03	47	0,58					380	225	2
08/02/03	48	0,34							
09/02/03	49	0,37							
10/02/03	50	0,45	0,12	1229	4,4	36			
11/02/03	51	0,45							
12/02/03	52	0,52							
13/02/03	53	0,55							
14/02/03	54	0,56					385	166	3
15/02/03	55	0,18							
16/02/03	56	0,20							
17/02/03	57	0,20							
18/02/03	58	0,16							
19/02/03	59	0,28	0,10	1262	2,5	20			
20/02/03	60	0,30							
21/02/03	61	0,35							
22/02/03	62	0,41							
23/02/03	63								
24/02/03	64	0,33							
25/02/03	65	0,41							
26/02/03	66	0,40		1340			360	189	1
27/02/03	67	0,38							
28/02/03	68	0,41							
Moyenne		**0,38**	**0,13**	**1258**	**4**	**34**	**421**	**206**	**2**
ET		0,14	0,04	60	2	15	78	35	1
Nb obs		61	6	7	6	6	6	6	6
ES		**0,02**	**0,02**	**23**	**1**	**6**	**32**	**14**	**0,53**
Min		0,08	0,09	1186	3	20	360	166	0,9
Max		0,66	0,21	1340	7	59	560	255	4,3

Notes : PS (g l⁻¹) : poids sec (g l⁻¹), μ (PS) : taux de croissance calculé à partir du poids sec (doublement j⁻¹), vol cult : volume de culture (l), P(g m⁻² j⁻¹): production exprimée en g m⁻² j⁻¹, P(mg l⁻¹ j⁻¹) : production exprimée en mg PS l⁻¹ j⁻¹, Vol filtré : volume d'eau filtré pendant la récolte, PS récolté (g) : poids d'algue sèche à chaque récolte, R (g m⁻² j⁻¹) : production en terme de récolte par jour et par unité de surface, ET : écart type ; Nb obs : nombre d'observation ; ES : écart standard ; Min : valeur minimale Max : valeur maximale

6.4.2 *Comparaison de culture en EMTE et EDE*

Dans des flacons de 5 litres

Paramètres physiques, chimiques dans le milieu EMTE

Dates	Jours	Sali (gl⁻¹)	T°C	pH	Secchi (cm)
19/11/02	1	41	31	9,54	7,5
20/11/02	2	43	28	9,62	8,7
21/11/02	3	44	27	9,62	7,8
22/11/02	4	44	27	9,54	5
23/11/02	5	44	28	9,73	3,5
24/11/02	6	45	27	9,89	3,5
25/11/02	7	45	27	10,05	3,5
26/11/02	8	45	28	10,13	3,2
27/11/02	9	45	23,5	10,19	2,5
28/11/02	10	45	23,5	10,32	2,5
29/11/02	11	46	23	10,42	2,2
30/11/02	12	46	25,5	10,43	2,2
01/12/02	13	46	22,5	10,64	2,4
02/12/02	14	47	23	10,68	2
03/12/02	15	47	26	10,65	2,2
04/12/02	16	48	24	10,65	2,5
05/12/02	17	48	26	10,64	2
06/12/02	18	48	26	10,68	2
07/12/02	19	49	26	10,7	2
Moyenne		**46**	**26**	**10,2**	**4**
ET		2	2	0,4	2,1
N obs		19	19	19	19
ES		**0,45**	**0,51**	**0,10**	**0,49**
Min		41	23	9,54	2
Max		49	31	10,70	9

Notes : *Sali (gl⁻¹) : salinité (g l⁻¹), T°C : température de culture (°C), pH : valeur du pH de culture, Secchi (cm) : valeur du disque de Secchi (cm). ET : écart type ; Nb obs : nombre d'observation ; ES : écart standard ; Min : valeur minimale Max : valeur maximale*

Paramètres biologiques dans le milieu EMTE

Dates	Jours	Spires	Filmts ml^{-1}	Spires ml^{-1}	μ (spires)	P S (g l^{-1})	μ (PS)	P (mg l^{-1} j^{-1})
19/11/02	1	4	17000	70833		0,08		
20/11/02	2	4	14875	55533	-0,35	0,12	0,58	40
21/11/02	3	3	17000	52645	-0,08	0,1	-0,26	-20
22/11/02	4	3	47600	130107	1,31	0,16	0,68	60
23/11/02	5	3	54825	166303	0,35	0,18	0,17	20
24/11/02	6	3	70975	229486	0,46	0,26	0,53	80
25/11/02	7	4	103275	368348	0,68	0,26	0,00	0
26/11/02	8	3	103275	325013	-0,18	0,3	0,21	40
27/11/02	9	3	133875	432863	0,41	0,42	0,49	120
28/11/02	10	3	122400	346800	-0,32	0,38	-0,14	-40
29/11/02	11	4	144500	515383	0,57	0,52	0,45	140
30/11/02	12	3	140250	472175	-0,13	0,52	0,00	0
01/12/02	13	4	157250	597550	0,34	0,54	0,05	20
02/12/02	14	3	170000	589333	-0,02	0,58	0,10	40
03/12/02	15	4	178500	714000	0,28	0,6	0,05	20
04/12/02	16	4	182750	645717	-0,15	0,62	0,05	20
05/12/02	17	4	187000	754233	0,22	0,66	0,09	40
06/12/02	18	4	195500	860200	0,19	0,64	-0,04	-20
07/12/02	19	5	140250	673200	-0,35	0,58	-0,14	-60
Moyenne		**4**	**114795**	**421038**	**0,2**	**0,4**	**0,2**	**28**
ET		0,5	61129	255016	0,4	0,2	0,3	51
N obs		19	19	19	18	19	18	18
ES		**0,12**	**14024**	**58505**	**0,10**	**0,05**	**0,06**	**12**
Min		3	14875	52645	-0,35	0,08	-0,26	-60
Max		5	195500	860200	1,31	0,66	0,68	140

Notes : *Spires : nombre de spires par filament, Filmts ml^{-1} : nombre de filament par millilitre, Spires ml^{-1} : nombre de spires par millilitre, μ (spires) : taux de croissance calculé à partir du nombre de spires, P S (g l^{-1}) : poids d'algue sèche par litre de culture, μ (PS) , taux de croissance calculé à partir du poids sec, P (mg l^{-1} j^{-1}) : production en mg par litre et par jour. ET : écart type ; Nb obs : nombre d'observation ; ES : écart standard ; Min : valeur minimale Max : valeur maximale*

Paramètres physiques, chimiques dans le milieu EDE

Dates	Jours	Sali	T°C	pH	Secchi (cm)	T° air °C
19/11/02	1	10	30	9,02	4	
20/11/02	2	11	29	9,14	6	32
21/11/02	3	12	27	9,32	4,5	29
22/11/02	4	12	27	9,48	2,7	29
23/11/02	5	13	28	9,61	2,5	30
24/11/02	6	13	27	9,77	2	29
25/11/02	7	13	27	9,9	2	31
26/11/02	8	14	29	10,02	2	33
27/11/02	9	14	23,5	10,09	2	26
28/11/02	10	14	23,5	10,26	1,5	29
29/11/02	11	14	23,5	10,36	1,5	25
30/11/02	12	14	25,5	10,42	1,5	26
01/12/02	13	15	23	10,73	2,2	22,5
02/12/02	14	15	23	10,95	1,4	25
03/12/02	15	16	26,5	11,13	1,3	28
04/12/02	16	16	24	11,06	1,5	26
05/12/02	17	16	26	11,2	1,3	28
06/12/02	18	17	26	11,36	1,4	28
07/12/02	19	17	26	11,39	1,5	29
Moyenne		**14**	**26**	**10,3**	**2**	**28**
ET		2	2	0,8	1,3	3
N obs		19	19	19	19	18
ES		**0,4**	**0,5**	**0,2**	**0,3**	**0,6**
Min		10	23	9,0	1	23
Max		17	30	11,4	6	33

Notes : Sali (g l^{-1}) : salinité (g l^{-1}), T°C : température de culture (°C), pH : valeur du pH de culture, Secchi (cm) : valeur du disque de Secchi (cm), T° air C : température de l'air ambiant. ET : écart type ; Nb obs : nombre d'observation ; ES : écart standard ; Min : valeur minimale Max : valeur maximale

Paramètres biologiques dans le milieu EDE

Dates	Jours	Spires	Filmts ml^{-1}	Spires ml^{-1}	μ spires	P S (g l^{-1})	μ PS	P (g l^{-1} j^{-1})
19/11/02	1	4	58480	253413		0,14		
20/11/02	2	5	49725	261885	0,05	0,12	-0,22	-20
21/11/02	3	5	63750	292016	0,16	0,14	0,22	20
22/11/02	4	3	104125	312375	0,10	0,16	0,19	20
23/11/02	5	4	106250	410833	0,40	0,26	0,70	100
24/11/02	6	4	120275	473082	0,20	0,42	0,69	160
25/11/02	7	4	156400	691187	0,55	0,34	-0,30	-80
26/11/02	8	4	199750	799000	0,21	0,44	0,37	100
27/11/02	9	4	206125	845113	0,08	0,56	0,35	120
28/11/02	10	5	233750	1153167	0,45	0,56	0,00	0
29/11/02	11	4	272000	1124267	-0,04	0,74	0,40	180
30/11/02	12	4	272000	991484	-0,18	0,8	0,11	60
01/12/02	13	4	331500	1436500	0,53	0,84	0,07	40
02/12/02	14	4	306000	1254600	-0,20	0,84	0,00	0
03/12/02	15	4	284750	1262392	0,01	0,86	0,03	20
04/12/02	16	4	280500	1131350	-0,16	0,8	-0,10	-60
05/12/02	17	5	297500	1507333	0,41	0,86	0,10	60
06/12/02	18	5	310250	1520225	0,01	0,66	-0,38	-200
07/12/02	19	5	297500	1437917	-0,08	0,58	-0,19	-80
Moyenne		**4**	**207928**	**903060**	**0,1**	**0,5**	**0,1**	**24**
ET		0,5	97503	458407	0,2	0,3	0,3	93
N obs		19	19	19	18	19	18	18
ES		**0,1**	**22369**	**105166**	**0,1**	**0,1**	**0,1**	**22**
Min		3	49725	253413	-0,2	0,1	-0,4	-200
Max		5	331500	1520225	0,5	0,9	0,7	180

Notes : Spires : nombre de spires par filament, Filmts ml^{-1} : nombre de filament par millilitre, Spires ml^{-1} : nombre de spires par millilitre, μ (spires) : taux de croissance calculé à partir du nombre de spires, P S (g l^{-1}) : poids d'algue sèche par litre de culture, μ (PS) : taux de croissance calculé à partir du poids sec, P(mgl^{-1}j^{-1}) : production en mg par litre et par jour. ET : écart type ; Nb obs : nombre d'observation ; ES : écart standard ; Min : valeur minimale Max : valeur maximale

Dans des bassins de 10 m²

Culture en milieu EMTE

Dates	Jours	Sali	T°C	PH	Secchi	Spires	Filaments ml^{-1}	Spires ml^{-1}
30/09/03	1	47	32	9,88	6	3	177650	502321
01/10/03	2	49	30	9,91	6	3	194650	519067
02/10/03	3	50	30	9,92	5	3	235450	649517
03/10/03	4	46	31	9,88	5	3	276675	719355
04/10/03	5	45	30,5	9,91	5	3	246500	681983
05/10/03	6	47	31	9,94	5	3	260950	704565
06/10/03	7	47	31	9,97	4	3	306000	836400
07/10/03	8	47	32	9,98	4	3	320450	875897
08/10/03	9	47	31	10,01	4	3	357000	928200
09/10/03	10	48	31	10,01	4	3	376125	977925
10/10/03	11	48	31	10,01	4	3	382500	956250
11/10/03	12	48		10,01	4	3	384625	1000025
12/10/03	13	48	30,5	10,02	4		400000	1200000
13/10/03	14	49	29	10,08	4	3	454750	1303617
14/10/03	15	49	29	10,07	3	3	456875	1248792
15/10/03	16	49	30	10,03	3	3	459000	1224000
16/10/03	17	49	31	10,01	3	3	463250	1219892
17/10/03	18	49	29	10,06	3	3	488750	1365129
18/10/03	19	49	30	10,06	3	3	499750	1515908
19/10/03	20	49	30	10,06	3	3	541875	1517250
20/10/03	21	50	29	10,09	3	3	590750	1595025
21/10/03	22	50	30	10,09	3	3	618375	1752063
22/10/03	23	49	31	10,08	4	3	342125	992163
23/10/03	24	50	31	10,05	4	3	408000	1251200
24/10/03	25	49	31	10,05	3	3	476000	1443867
25/10/03	26	50	31	10,08	3	3	482375	1463204
26/10/03	27	49	31	10,07	3	3	497250	1508325
27/10/03	28	50	31	10,05	3	3	583667	1712089
28/10/03	29	51	30	10,05	3	3	590750	1752558
29/10/03	30	51	30,5	10,02	4	3	280500	813450
30/10/03	31	51	31	10,05	4	3	289000	876633
31/10/03	32	50	30,5	10,03	4	3	323000	1033600
01/11/03	33	51	30,5	10,05	3	3	374000	1134467
02/11/03	34	51	30,5	10,02	3	3	450500	1351500
03/11/03	35	51	30	10,02	3	3	467500	1542750
04/11/03	36	51	28,5	10,07	3	3	484500	1501950
05/11/03	37	52	28,5	10,06	3	3	510000	1581000
06/11/03	38	51	29	10,02	4	3	297500	872667
07/11/03	39	51	29,5	10,02	4	3	306000	938400

Dates	Jours	Sali	T°C	PH	Secchi	Spires	Filaments ml^{-1}	Spires ml^{-1}
08/11/03	40	52	28	10,02	3	3	425000	1232500
09/11/03	41	51	30	10,01	3	3	429250	1259133
10/11/03	42	52	31,5	10	3	3	454750	1409725
11/11/03	43	53	31	10,01	3	3	459000	1499400
12/11/03	44	52	32	10,01	3	3	489600	1436160
13/11/03	45	53	31	10,01	4	3	267750	794325
14/11/03	46	53	27	10,06	4	3	378250	1096925
15/11/03	47	53	29	10,04	4	3	454750	1273300
16/11/03	48	54	30	10,02	4	3	459000	1300500
17/11/03	49	54	30	9,98	4	3	463250	1343425
18/11/03	50	54	30	9,98	3	3	450500	1366517
19/11/03	51	55	30,5	9,99	3	3	450500	1306450
20/11/03	52	55	31	9,94	3	3	459000	1254600
21/11/03	53	55	31,5	9,94	3	3	476000	1380400
22/11/03	54	55	31,5	9,94	3			1400000
23/11/03	55	55	31,5	9,94	3	3	490000	1453667
24/11/03	56	56	31	9,94	3	3	540000	1512000
25/11/03	57	57	31	9,94	3	3	576000	1516800
26/11/03	58	57	30	9,97	3	3	556750	1540342
27/11/03	59	56	29,5	9,95	4	3	293250	772225
28/11/03	60	57	30,5	9,94	4	3	357000	952000
29/11/03	61	57	31	9,9	4	2	514250	1251342
30/11/03	62	57	31	9,91	3	3	539750	1421342
01/12/03	63	57	31,5	9,9	3	3	544000	1505067
02/12/03	64	58	30	9,9	3	3	548250	1535100
03/12/03	65	59	30	9,92	3	3	552500	1565417
04/12/03	66	59	30,5	9,91	3	3	556750	1447550
05/12/03	67	59	31	9,92	3	3	561000	1552100
06/12/03	68	60	31	9,93	3	3	565250	1469650
07/12/03	69	60	32,5	9,91	3	3	573750	1644750
08/12/03	70	60	32	9,93	3	3	680050	1591403
09/12/03	71	60	33	9,92	3	3	612000	1815600
10/12/03	72	62	32	9,96	3	3	616250	1807667
11/12/03	73	60	31,5	9,97	3	3	650250	1842375
12/12/03	74	61	32	9,94	3	3	658750	1844500
13/12/03	75	61	32	9,94	3	3	709750	2105592
14/12/03	76	63	32	9,95	3	3	714000	2094400
15/12/03	77	64	29,5	9,96	4	3	259250	734542
16/12/03	78	65	28	9,98	4	3	284750	787808
17/12/03	79	65	26	10	4	3	301750	915308
18/12/03	80	65	28	9,98	4	3	331500	994500
19/12/03	81		30		3	3	335750	1029633
20/12/03	82		29,5	9,99	3	3	419333	1271978

Dates	Jours	Sali	T°C	PH	Secchi	Spires	Filaments ml⁻¹	Spires ml⁻¹
22/12/03	84	65	31	9,99	3	3	497250	1591200
23/12/03	85	65	31	9,96	3	3	514250	1662742
24/12/03	86	65	32	9,97	3	3	539750	1691217
26/12/03	89	65	33	9,92	3	3	548250	1772675
27/12/03	90	66	32,5	9,98	3	3	697000	2346567
29/12/03	92	68		9,97	3	4	650250	2340900
30/12/03	94	68	30,5	10,03	3	4	692750	2493900
31/12/03	95	68	31	10,02	4	3	276250	930042
02/01/04	97	69	32	9,99	4	3	310250	1003142
03/01/04	98	69	32,5	10,01	4	3	352750	1058250
05/01/04	101	72	29	10,08	4	3	369750	1257150
07/01/04	103	72	31	10,04	3	3	386750	1263383
08/01/04	104	72	32,5	10,01	3	3	416500	1443867
09/01/04	105	73	32	10,02	3	3	446250	1532125
12/01/04	108	76	31	10,01	3	3	476000	1586667
15/01/04	111	76	33	10	3	4	493000	1791233
17/01/04	113	77	33	10,01	3	4	510000	1870000
18/01/04	114	78	31,5	10,03	3	4	535500	2034900
19/01/04	115	79	32	10,01	5	4	144500	525017
20/01/04	116	79	33,5	9,98	5	4	178500	684250
22/01/04	118	80	33	9,98	4	4	140250	532950
26/01/04	122	83	34	9,91	4	4	106250	428542
29/01/04	125	87	31	9,98	4	4	140250	575025
04/02/04	131	80	29	10,03	4	4	178500	678300
Moyenne		**57**	**31**	**10,01**		**3,0**	**406269**	**1207924**
ET		10,0	1,4	0,1		0,3	157441	487679
Nb obs		117	117	118		117	118	119
ES		**0,9**	**0,1**	**0,01**		**0,03**	**14494**	**44705**
Min		45	26	9,88	2,5	2,4	106250	428542
Max		87	34	10,09	6	4,1	714000	2493900

Notes : *Sali : salinité (g l⁻¹) ; T °C : température de culture (°C) ; Secchi : valeur du disque de Secchi (cm), Spires : nombre de spires par filament, Filament ml⁻¹ : nombre de filament par ml, Spires ml⁻¹ : nombre de spires par ml, ET : écart type ; Nb obs : nombre d'observation ;   ES : écart standard ; Min : valeur minimale Max : valeur maximale*

Culture en milieu EMTE (suite)

Dates	Jours	μ (spires)	PS (g l⁻¹)	μ (PS)	Vol cult (l)	P (g m⁻² j⁻¹)	P (mg l⁻¹ j⁻¹)	Vol récolté	PS récolté	R (gm⁻²j⁻¹)
30/09/03	1		0,3							
01/10/03	2		0,2							
02/10/03	3		0,2							
03/10/03	4		0,2							
04/10/03	5		0,3							
05/10/03	6		0,3							
06/10/03	7		0,3							
07/10/03	8		0,3							
08/10/03	9		0,3							
09/10/03	10		0,4							
10/10/03	11	0,09	0,4	0,05	1543	2,1	14			
11/10/03	12		0,4							
12/10/03	13		0,4							
13/10/03	14		0,4							
14/10/03	15		0,4							
15/10/03	16		0,5							
16/10/03	17		0,5							
17/10/03	18		0,5							
18/10/03	19		0,5							
19/10/03	20		0,5							
20/10/03	21		0,5							
21/10/03	22		0,5					400	208	1,0
22/10/03	23		0,4							
23/10/03	24		0,4							
24/10/03	25		0,5							
25/10/03	26	0,14		0,05	1400	2,2	16			
26/10/03	27		0,5							
27/10/03	28		0,5							
28/10/03	29		0,5					440	265	3,8
29/10/03	30		0,4							
30/10/03	31		0,4							
31/10/03	32		0,4							
01/11/03	33	0,14	0,4	0,06	1353	2,5	19			
02/11/03	34		0,4							
03/11/03	35		0,4							
04/11/03	36		0,5							
05/11/03	37		0,5					415	200	2,5
06/11/03	38		0,4							
07/11/03	39		0,4							
08/11/03	40	0,12	0,4	0,05	1298	1,7	13			
09/11/03	41		0,4							

Dates	Jours	μ (spires)	PS (g l^{-1})	μ (PS)	Vol cult (l)	P (g m^{-2} j^{-1})	P (mg l^{-1} j^{-1})	Vol récolté	PS récolté	R (gm^{-2}j^{-1})
10/11/03	42		0,4							
11/11/03	43		0,4							
12/11/03	44		0,5					449	209	3,0
13/11/03	45		0,3							
14/11/03	46		0,3							
15/11/03	47		0,4							
16/11/03	48		0,4							
17/11/03	49		0,4							
18/11/03	50		0,4							
19/11/03	51		0,4							
20/11/03	52	0,07	0,4	0,06	1251	2,3	18			
21/11/03	53		0,5							
22/11/03	54		0,5							
23/11/03	55		0,5							
24/11/03	56		0,5							
25/11/03	57		0,5							
26/11/03	58		0,6					444	249	1,8
27/11/03	59		0,4							
28/11/03	60		0,4							
29/11/03	61		0,4							
30/11/03	62		0,5							
01/12/03	63		0,5							
02/12/03	64		0,5							
03/12/03	65		0,5							
04/12/03	66		0,5							
05/12/03	67	0,08	0,5	0,05	1155	1,8	16			
06/12/03	68		0,5							
07/12/03	69		0,6							
08/12/03	70		0,6							
09/12/03	71		0,6							
10/12/03	72		0,6							
11/12/03	73		0,6							
12/12/03	74		0,6							
13/12/03	75		0,6							
14/12/03	76		0,7					500	312	1,7
15/12/03	77		0,4							
16/12/03	78									
17/12/03	79		0,4							
18/12/03	80		0,4							
19/12/03	81		0,4							
20/12/03	82		0,4							
22/12/03	84	0,10	0,5	0,04	1033	1,4	14			
23/12/03	85		0,5							

Dates	Jours	μ (spires)	PS (g l^{-1})	μ (PS)	Vol cult (l)	P (g m^{-2} j^{-1})	P (mg l^{-1} j^{-1})	Vol récolté	PS récolté	R (gm^{-2}j^{-1})
24/12/03	86		0,5							
26/12/03	89		0,6							
27/12/03	90		0,6							
29/12/03	92		0,6							
30/12/03	94		0,7					498	327	1,8
31/12/03	95		0,4							
02/01/04	97		0,4							
03/01/04	98		0,4							
05/01/04	101		0,5							
07/01/04	103		0,5							
08/01/04	104	0,06	0,5	0,04	911	1,4	15			
09/01/04	105		0,6							
12/01/04	108		0,6							
15/01/04	111		0,6							
17/01/04	113		0,6							
18/01/04	114		0,7					498	342	1,7
19/01/04	115		0,4							
20/01/04	116		0,4							
22/01/04	118		0,4							
26/01/04	122		0,4							
29/01/04	125		0,4							
04/02/04	131		0,4							
Moyenne		0,10	0,5	0,05	1243	1,9	16	456	264	2,2
ET		0,01	0,10	0,00	72	0,1	1	14	20	0,3
Nb obs			104	8	8	8	8	8	8	8
ES			0,01	0,00	25,53	0,05	0,26	4,86	7,15	0,11
Min		0,06	0,2	0,04	911	1,4	13	400	200	1,0
Max		0,14	0,65	0,06	1543	2,5	19	500	342	3,8

Notes : μ (spires) : taux de croissance calculé à partir du nombre de spires (doublement j^{-1}), PS (g l^{-1}) : poids sec (g l^{-1}), μ (PS) : taux de croissance calculé à partir du poids sec (doublement j^{-1}), vol cult : volume de culture (l), P(g m^{-2} j^{-1}) : production exprimée en g m^{-2} j^{-1}, P(mg l^{-1} j^{-1}) : production exprimée en mg PS l^{-1} j^{-1}, Vol récolté : volume d'eau filtré pendant la récolte, PS récolté (g) : poids d'algue sèche à chaque récolte, R (g m^{-2} j^{-1}) : production en terme de récolte par jour et par unité de surface, ET : écart type ; Nb obs : nombre d'observation ; ES : écart standard ; Min : valeur minimale Max : valeur maximale

Culture en milieu EDE

Dates	Jours	Sali	T°C	pH	Secchi	Spires	Filaments	Spires ml^{-1}
07/10/03	1	10	34	9,15	13	3	35700	91097
08/10/03	2	10	31	9,12	13	3	48450	123631
09/10/03	3	10	31	9,28	10	3	70550	221057
10/10/03	4	10	31	9,4	8,2	3	82167	254717
11/10/03	5	10	34	9,56	6,5	3	83300	230463
12/10/03	6	10	31	9,6	6,5			
13/10/03	7	10	29	9,71	6,4	3	85000	269167
14/10/03	8	10	29	9,73	5,5	3	127075	389697
15/10/03	9	10	30	9,77	4,5	3	128775	390618
16/10/03	10	10	30,5	9,83	4,5	3	129625	367271
17/10/03	11	10	29	9,92	4	3	184450	565647
18/10/03	12	10	30	10	3,8	3	185725	581938
19/10/03	13	10	31	10,1	3,5	3	189550	600242
20/10/03	14	10	30	10,1	3,5	3	220150	719157
21/10/03	15	10	30,5	10,1	3,5	3	218875	671217
22/10/03	16	10	32	10,1	3,5	3	278375	918638
23/10/03	17	10	32	10	3	3	289000	934433
24/10/03	18	10	30,5	10,1	3	3	301750	895192
25/10/03	19	10	30	10,2	2,8	3	433500	1300500
26/10/03	20	10	31	10,1	2,7	3,1	620500	1902867
27/10/03	21	10	30,5	10,2	2,5	3	633250	1941967
28/10/03	22	10	29,5	10,3	2,5	3	658750	1888417
29/10/03	23	10	31	10,3	2,3	3	688500	2065500
30/10/03	24	10	31	10,4	3,5	3	267750	722925
31/10/03	25	10	30,5	10,4	3,2	3	297500	872667
01/11/03	26	10	31	10,4	3	3	331500	950300
02/11/03	27	10	31	10,4	3	3	416500	1249500
03/11/03	28	10	31	10,4	2,7	3	612000	1836000
04/11/03	29	10	28,5	10,5	2,6	3	624750	1915900
05/11/03	30	12	29	10,4	3,5	3	323000	936700
06/11/03	31	12	30	10,4	3,2	3	361250	1119875
07/11/03	32	12	30	10,4	2,9	3	374000	1221733
08/11/03	33	12	28,5	10,5	2,8	3	437750	1357025
09/11/03	34	12	30,5	10,5	2,6	3	450500	1381533
10/11/03	35	12	31	10,5	2,6	3	467500	1480417
11/11/03	36	12	31	10,5	2,5	3	505750	1567825
12/11/03	37	12	32	10,5	4	3	284750	901708
13/11/03	38	12	31	10,5	3,5	3	289000	1001867
14/11/03	39	12	28	10,5	3,5	3	331500	1138150
15/11/03	40	12	29	10,5	3,2	3	454750	1455200
16/11/03	41	10	28	10,5	3,5	3	365500	1133050
17/11/03	42	11	30	10,4	3,2	3	450500	1441600

Dates	Jours	Sali	T°C	pH	Secchi	Spires	Filaments	Spires ml^{-1}
18/11/03	43	12	31	10,4	3	3	476000	1570800
19/11/03	44	12	31	10,4	2,9	3	493000	1561167
20/11/03	45	12	32	10,3	3	3	497250	1640925
21/11/03	46	12	32	10,3	2,8	3	505750	1483533
22/11/03	47	12	31,5	10,3	2,6			
23/11/03	48	12	32	10,4	2,5	3	531250	1682292
24/11/03	49	12	31	10,3	2,5	3	544000	1704533
25/11/03	50	13	31	10,3	2,4	4	552500	1970583
26/11/03	51	13	30	10,3	3,8	3	280500	925650
27/11/03	52	13	30	10,3	3,5	3	289000	1001867
28/11/03	53	13	31	10,3	3,2	3	488750	1433667
29/11/03	54	13	32	10,3	3	3	497250	1524900
30/11/03	55	13	32	10,4	2,7	3	501500	1654950
01/12/03	56	13	31,5	10,4	2,6	3	510000	1666000
02/12/03	57	13	30	10,3	2,6	3	514250	1765592
03/12/03	58	13	30	10,4	2,5	3	527000	1756667
04/12/03	59	13	31	10,3	2,5	3	544000	1867733
05/12/03	60	13	31	10,4	2,5	3	556750	1837275
06/12/03	61	13	32	10,4	2,5	3	603500	1931200
07/12/03	62	13	33	10,3	2,5	3	607750	2025833
08/12/03	63	14	32	10,3	2,3	4	620500	2192433
09/12/03	64	14	33	10,3	2,4	3	629000	2117633
10/12/03	65	14	32	10,3	2,4	4	637500	2231250
11/12/03	66	14	31,5	10,3	2,4	4	658750	2305625
12/12/03	67	15	32	10,3	2,3	4	663000	2342600
13/12/03	68	15	32	10,3	2,3	4	684250	2486108
14/12/03	69	15	32	10,2	4	3	199750	685808
15/12/03	70	15	30	10,3	3,8	3	255000	816000
16/12/03	71	15	28,5	10,3	3,5	3	409000	1349700
17/12/03	72	15	27	10,3	3,5	3	425000	1374167
18/12/03	73	15	29	10,3	3,5	3	425000	1275000
19/12/03	74		30		3	3	420250	1307900
20/12/03	75		30	10,3	3	3	433500	1329400
22/12/03	77	15	31	10,3	2,8	3	561000	1757800
23/12/03	78	15	31	10,2	2,8	3	565250	1827642
24/12/03	79	15	31	10,3	2,7	3	633250	2110833
26/12/03	81	16	32	10,2	2,5	4	646000	2454800
27/12/03	82	16	32	10,3	2,5	4	726750	2592075
27/12/03	82	16	35,5	10,2	5	4	199750	712442
29/12/03	84	13	34	9,89	5,5	4	123250	431375
30/12/03	85	13	30,5	9,97	5	3	233750	771375
31/12/03	86	13	31,5	9,99	4,5	4	255000	926500
02/01/04	88	13	32,5	10	4	4	263500	966167
03/01/04	89	13	33	10,1	4	4	276250	1012917

Dates	Jours	Sali	T°C	pH	Secchi	Spires	Filaments	Spires ml⁻¹
05/01/04	91	15	30	10,2	3,6	4	293250	1094800
07/01/04	93	15	31,5	10,2	3,2	4	348500	1231367
09/01/04	95	15	33	10,2	3,2	4	386750	1379408
12/01/04	98	15	32	10,2	3	3	403750	1332375
15/01/04	101	15	33	10,2	3	4	425000	1487500
17/01/04	103	15	33	10,3	2,9	4	442000	1709067
18/01/04	104	15	32	10,3	2,8	4	446250	1770125
19/01/04	105	15	32	10,3	2,8	4	590750	2166083
20/01/04	106	15	34	10,3	4,5	3	182750	578708
22/01/04	108	15	34	10,2	4,5	4	198333	714000
26/01/04	112	16	35	10,2	4,5	5	140250	649825
29/01/04	115	16	33	10,2	4,5	5	187000	872667
04/02/04	120	17	29	10,3	6	5	110500	545133
Moyenne		**13**	**31**	**10,20**	**3,65**	**3**	**391413**	**1288672**
ET		2,07	1,53	0,27	1,84	0,37	179919	603690
Nb obs		97	99	98	99	97	97	97
ES		**0,21**	**0,15**	**0,03**	**0,18**	**0,04**	**18268**	**61295**
Min		10	27	9,12	2	3	35700	91097
Max		17	36	10,5	13	5	726750	2592075

Notes : *Sali : salinité (g l⁻¹) ; T °C : température de culture (°C) ; Secchi : valeur du disque de Secchi (cm), Spires : nombre de spires par filament, Filament ml⁻¹ : nombre de filament par ml, Spires ml⁻¹ : nombre de spires par ml, ET : écart type ; Nb obs : nombre d'observation ; ES : écart standard ; Min : valeur minimale Max : valeur maximale*

Culture en milieu EDE (suite)

Dates	Jours	μ (spires)	PS (g l^{-1})	μ (PS)	Vol cult (l)	P (gm^{-2} j^{-1})	P (mgl^{-1} j^{-1})	Vol récolté	PS récolté	R (gm^{-2}j^{-1})
07/10/03	1		0,08							
08/10/03	2		0,06							
09/10/03	3		0,12							
10/10/03	4		0,14							
11/10/03	5		0,16							
12/10/03	6		0,16							
13/10/03	7		0,17							
14/10/03	8		0,18							
15/10/03	9		0,23							
16/10/03	10		0,25							
17/10/03	11		0,30							
18/10/03	12	0,20	0,33	0,13	1040	2	23			
19/10/03	13		0,36							
20/10/03	14		0,33							
21/10/03	15		0,39							
22/10/03	16		0,41							
23/10/03	17		0,40							
24/10/03	18		0,43							
25/10/03	19		0,45							
26/10/03	20		0,48							
27/10/03	21		0,54							
28/10/03	22		0,56							
29/10/03	23		0,57					357,5	297	1
30/10/03	24		0,39							
31/10/03	25		0,41							
01/11/03	26	0,28	0,42	0,09	888	2	27			
02/11/03	27		0,43							
03/11/03	28		0,48							
04/11/03	29		0,52					412	249	5
05/11/03	30		0,32							
06/11/03	31		0,35							
07/11/03	32		0,36							
08/11/03	33	0,12	0,39	0,09	846	2	25			
09/11/03	34		0,41							
10/11/03	35		0,45							
11/11/03	36		0,47					455	259	4
12/11/03	37		0,29							
13/11/03	38		0,29							
14/11/03	39		0,28							
15/11/03	40		0,34							
16/11/03	41		0,32							

Dates	Jours	μ (spires)	PS (g l^{-1})	μ (PS)	Vol cult(l)	P (gm^{-2}j^{-1})	P (mgl^{-1}j^{-1})	Vol récolté	PS récolté	R (gm^{-2}j^{-1})
17/11/03	42		0,32							
18/11/03	43	0,09	0,32	0,07	798	2	22			
19/11/03	44		0,35							
20/11/03	45		0,39							
21/11/03	46		0,47							
22/11/03	47		0,50							
23/11/03	48		0,53							
24/11/03	49		0,55							
25/11/03	50		0,57					441	299	2
26/11/03	51		0,30							
27/11/03	52		0,36							
28/11/03	53		0,43							
29/11/03	54		0,43							
30/11/03	55		0,43							
01/12/03	56									
02/12/03	57		0,46							
03/12/03	58									
04/12/03	59		0,47							
05/12/03	60	0,08	0,48	0,06	702	1	17			
06/12/03	61		0,49							
07/12/03	62		0,50							
08/12/03	63		0,51							
09/12/03	64		0,52							
10/12/03	65		0,53							
11/12/03	66		0,54							
12/12/03	67		0,56							
13/12/03	68		0,59					498	314	2
14/12/03	69		0,18							
15/12/03	70		0,24							
16/12/03	71		0,25							
17/12/03	72		0,25							
18/12/03	73		0,26							
19/12/03	74		0,27							
20/12/03	75	0,15	0,31	0,12	577	2	28			
22/12/03	77		0,39							
23/12/03	78		0,40							
24/12/03	79		0,41							
26/12/03	81		0,48							
27/12/03	82		0,54					498	291	2
27/12/03	82		0,25							
29/12/03	84		0,09							
30/12/03	85		0,15							
31/12/03	86		0,18							

Dates	Jours	μ (spires)	PS (g l⁻¹)	μ (PS)	Vol cult (l)	P (gm⁻²j⁻¹)	P (mgl⁻¹j⁻¹)	Vol récolté	PS récolté	R (gm⁻²j⁻¹)
02/01/04	88		0,23							
03/01/04	89		0,26							
05/01/04	91	0,07	0,28	0,05	981	1	12			
07/01/04	93		0,37							
09/01/04	95		0,40							
12/01/04	98		0,42							
15/01/04	101		0,45							
17/01/04	103		0,47							
18/01/04	104		0,50							
19/01/04	105		0,53					498	223	1
20/01/04	106		0,15							
22/01/04	108		0,17							
26/01/04	112		0,21							
29/01/04	115		0,23							
04/02/04	120		0,24							
Moyenne		0,14	0,36	0,09	833	2	22	451	276	3
ET		0,06	0,13	0,04	911	1	13	400	200	1
Nb obs		0,14	97	0,06	1543	3	19	500	342	4
ES		0,10	0,01	0,05	1243	2	16	456,25	264	2
Min		0,07	0,06	0,05	577	1,19	12	358	223	1
Max		0,28	0,59	0,13	1040	2,40	28	498	314	5

Notes : μ *(spires) : taux de croissance calculé à partir du nombre de spires (doublement j⁻¹), PS(g l⁻¹) : poids sec (g l⁻¹),* μ *(PS) : taux de croissance calculé à partir du poids sec (doublement j⁻¹), vol cult : volume de culture (l), P (g m⁻² j⁻¹): production exprimée en g m⁻² j⁻¹, P (mg l⁻¹ j⁻¹) : production exprimée en mg PS l⁻¹ j⁻¹, Vol filtré : volume d'eau filtré pendant la récolte, PS récolté (g) : poids d'algue sèche à chaque récolte, R (g m⁻² j⁻¹) : production en terme de récolte par jour et par unité de surface, ET : écart type ; Nb obs : nombre d'observation ; ES : écart standard ; Min : valeur minimale Max : valeur maximale*

6.4.3 Effets de traitement de l'eau de mer sur la croissance de la Spiruline

Evolution de salinité (Sali) (g l^{-1}) dans 6 milieux M1 à M6 des expériences du 5 au 20-12-03 sur la souche Paracas et du 08 au 29-01-04 sur la souche Malgache

Souche Paracas							
Dates	Jours	Sali M1	Sali M2	Sali M3	Sali M4	Sali M5	Sali M6
5/12/2003	1	41	41	41	42	42	44
7/12/2003	3	42	42	44	44	45	46
9/12/2003	5	43	43	45	45	45	47
11/12/2003	7	44	43	45	47	47	48
13/12/2003	9	45	47	47	50	50	52
15/12/2003	11	47	48	49	52	51	53
17/12/2003	13	49	50	50	54	53	54
20/12/2003	16	55	55	55	60	60	62
Moyenne		**46**	**46**	**47**	**49**	**49**	**51**
ET		4,56	4,79	4,31	5,97	5,69	5,78
Nb obs		8	8	8	8	8	8
ES		**1,6**	**1,7**	**1,5**	**2,1**	**2,0**	**2,0**
Min		41	41	41	42	42	44
Max		55	55	55	60	60	62
Souche Malgache							
Dates	Jours	Sali M1	Sali M2	Sali M3	Sali M4	Sali M5	Sali M6
08/01/04	1	55	55	55	55	55	57
10/01/04	3	55	57	58	58	59	60
13/01/04	6	59	60	60	61	61	63
16/01/04	9	62	62	64	64	63	67
19/01/04	12	67	65	70	68	67	72
22/01/04	15	77	68	79	76	72	81
26/01/04	19	97	77	99	88	80	95
29/01/04	22	105	83	110	97	83	106
Moyenne		**72**	**66**	**74**	**71**	**68**	**75**
ET		19,31	9,78	20,26	14,99	10,06	17,58
Nb obs		8	8	8	8	8	8
ES		**7**	**3**	**7**	**5**	**4**	**6**
Min		55	55	55	55	55	57
Max		105	83	110	97	83	106

Evolution de la température (T°C) dans 6 milieux M1 à M6 des expériences du 5 au 20-12-03 sur la souche Paracas et du 08 au 29-01-04 sur la souche Malgache

Souche Paracas							
Dates	Jours	T° M1	T° M2	T° M3	T° M4	T° M5	T° M6
5/12/2003	1	31,5	32	32	32	32	32
7/12/2003	3	31	31	31,5	31	31	31
9/12/2003	5	31	31	31	31	31	31
11/12/2003	7	30,5	30,5	30	30,5	30	30
13/12/2003	9	32	32	32	32	32	32
15/12/2003	11	28	28	28	28	28	28
17/12/2003	13	26,5	26,5	26,5	26,5	26,5	26,5
20/12/2003	16	27	27	27	27	27	27
Moyenne		**30**	**30**	**30**	**30**	**30**	**30**
ET		2,03	2,09	2,12	2,09	2,08	2,08
Nb obs		8	8	8	8	8	8
ES		**0,7**	**0,7**	**0,8**	**0,7**	**0,7**	**0,7**
Min		26,5	26,5	26,5	26,5	26,5	26,5
Max		32	32	32	32	32	32
Souche Malgache							
Dates	Jours	T° M1	T° M2	T° M3	T° M4	T° M5	T° M6
08/01/04	1	31,5	31,5	31,5	31,5	31,5	31,5
10/01/04	3	29,5	29	29	29	29,5	29
13/01/04	6	29,5	29,5	29,5	29,5	29,5	29,5
16/01/04	9	31	31	31	31	31	31
19/01/04	12	30	30	30	30	30	30
22/01/04	15	31	32	31	31,5	32	31,5
26/01/04	19	32	32,5	32	32,5	32,5	32,5
29/01/04	22	31	30,5	30,5	30,5	30,5	30,5
Moyenne		**31**	**31**	**31**	**31**	**31**	**31**
ET		0,92	1,22	1,02	1,16	1,13	1,16
Nb obs		8	8	8	8	8	8
ES		0,3	0,4	0,4	0,4	0,4	0,4
Min		29,5	29	29	29	29,5	29
Max		32	32,5	32	32,5	32,5	32,5

Evolution du pH dans 6 milieux M1 à M6 des expériences du 5 au 20-12-03 sur la souche Paracas et du 08 au 29-01-04 sur la souche Malgache

Souche Paracas							
Dates	Jours	pH M1	pH M2	pH M3	pH M4	pH M5	pH M6
5/12/2003	1	9,81	9,32	9,47	9,47	9,56	9,78
7/12/2003	3	9,7	9,33	9,47	9,55	9,6	9,75
9/12/2003	5	9,59	9,36	9,49	9,57	9,62	9,77
11/12/2003	7	9,5	9,41	9,53	9,63	9,68	9,81
13/12/2003	9	9,42	9,44	9,57	9,65	9,71	9,83
15/12/2003	11	9,36	9,47	9,6	9,68	9,75	9,88
17/12/2003	13	9,37	9,46	9,6	9,65	9,74	9,89
20/12/2003	16	9,32	9,48	9,64	9,68	9,76	9,92
Moyenne		9,51	9,41	9,55	9,61	9,68	9,83
ET		0,17	0,06	0,06	0,07	0,07	0,06
Nb obs		8	8	8	8	8	8
ES		0,06	0,02	0,02	0,02	0,03	0,02
Min		9,32	9,32	9,47	9,47	9,56	9,75
Max		9,81	9,48	9,64	9,68	9,76	9,92
Souche Malgache							
Dates	Jours	pH M1	pH M2	pH M3	pH M4	pH M5	pH M6
08/01/04	1	9,81	9,68	9,63	9,74	9,72	9,85
10/01/04	3	9,66	9,6	9,63	9,72	9,72	9,85
13/01/04	6	9,53	9,49	9,68	9,74	9,76	9,87
16/01/04	9	9,47	9,45	9,68	9,73	9,8	9,91
19/01/04	12	9,53	9,56	9,55	9,71	9,83	9,99
22/01/04	15	9,51	9,59	9,65	9,69	9,82	9,92
26/01/04	19	9,45	9,56	9,63	9,69	9,84	9,93
29/01/04	22	9,39	9,54	9,59	9,68	9,82	9,93
Moyenne		9,54	9,56	9,63	9,71	9,79	9,91
ET		0,13	0,07	0,04	0,02	0,05	0,05
Nb obs		8	8	8	8	8	8
ES		0,05	0,02	0,02	0,01	0,02	0,02
Min		9,39	9,45	9,55	9,68	9,72	9,85
Max							

Evolution de Secchi (cm) dans 6 milieux M1 à M6 des expériences du 5 au 20-12-03 sur la souche Paracas et du 08 au 29-01-04 sur la souche Malgache

		Souche Paracas					
Dates	Jours	Secchi M1	Secchi M2	Secchi M3	Secchi M4	Secchi M5	Secchi M6
5/12/2003	1	3	4,5	4,5	4	4,4	4,5
7/12/2003	3	5	5	4,5	3,8	4,2	4,5
9/12/2003	5	4,5	4	4	3,7	4,1	4
11/12/2003	7	4	4	3,8	3,5	4	3,8
13/12/2003	9	3,8	4	3,5	3,5	3,5	3,5
15/12/2003	11	3,8	3,5	3	3,4	3,2	3,2
17/12/2003	13	3,3	3,2	2,8	2,7	2,6	2,6
20/12/2003	16	3	2,5	2,7	2,5	2,3	2,3
Moyenne		**3,80**	**3,84**	**3,60**	**3,39**	**3,54**	**3,55**
ET		0,66	0,72	0,67	0,49	0,73	0,76
Nb obs		8	8	8	8	8	8
ES		**0,23**	**0,26**	**0,24**	**0,17**	**0,26**	**0,27**
Min		3	2,5	2,7	2,5	2,3	2,3
Max		5	5	4,5	4	4,4	4,5
		Souche Malgache					
Dates	Jours	Secchi M1	Secchi M2	Secchi M3	Secchi M4	Secchi M5	Secchi M6
08/01/04	1	6	5,5	5,5	5	5	5
10/01/04	3	6,5	6,5	5	5	5	4,7
13/01/04	6	5,5	6	3,9	4,2	3,9	3,8
16/01/04	9	4,5	5	3	3,5	3,4	3,4
19/01/04	12	4,5	4,5	3	3	3	2,8
22/01/04	15	3	3	2,6	2,7	2,8	2,5
26/01/04	19	2,5	2,8	2,4	2,4	2	1,8
29/01/04	22	2	2,3	1,9	1,8	1,8	1,5
Moyenne		**4,31**	**4,45**	**3,41**	**3,45**	**3,36**	**3,19**
ET		1,67	1,58	1,78	1,19	1,22	1,28
Nb obs		8	8	8	8	8	8
ES		**0,59**	**0,56**	**0,45**	**0,42**	**0,43**	**0,45**
Min		2	2,3	1,9	1,8	1,8	1,5
Max		6,5	6,5	5,5	5	5	5

Evolution du nombre de spires par ml dans 6 milieux M1 à M6
des expériences du 5 au 20-12-03 sur la souche Paracas et du 08
au 29-01-04 sur la souche Malgache

Souche Paracas							
Dates	Jours	Spires M1	Spires M2	Spires M3	Spires M4	Spires M5	Spires M6
5/12/2003	1	1016883	851983	586311	653703	549667	742050
7/12/2003	3	549667	566950	966875	969000	1235475	1090408
9/12/2003	5	881450	1047200	878900	1239583	814017	1242558
11/12/2003	7	821242	836825	743608	869550	912900	959225
13/12/2003	9	930325	1098200	1082333	999600	1339742	1546717
15/12/2003	11	924800	1251200	1391592	1236608	1501667	1728050
17/12/2003	13	953700	1344983	1312400	1448400	1744200	1843333
20/12/2003	16	1162800	1407033	1468306	1408875	1794033	1972850
Moyenne		905108	1050547	1053791	1103165	1236463	1390649
ET		164399	268163	297178	258452	419006	418473
Nb obs		8	8	8	8	8	8
ES		58124	94810	105068	91377	148141	147953
Min		549666,667	566950	586311	653703	549667	742050
Max		1162800	1407033	1468306	1448400	1794033	1972850
Souche Malgache							
Dates	Jours	Spires M1	Spires M2	Spires M3	Spires M4	Spires M5	Spires M6
08/01/04	1	427267	457867	586642	401625	423158	546975
10/01/04	3	433500	390433	265200	428400	616533	574600
13/01/04	6	504900	491300	523600	576583	607750	787525
16/01/04	9	639483	545700	592450	714000	714000	839800
19/01/04	12	663000	612000	755933	847875	1210825	1420917
22/01/04	15	935000	738556	1133758	738556	1375725	1721533
26/01/04	19	1300500	863600	1076383	863600	1700850	2051900
29/01/04	22	1387200	898733	1416667	1073975	1779050	2132367
Moyenne		786356	624774	793829	705577	1053486	1259452
ET		381147	189753	381857	229269	531344	655200
Nb obs		8	8	8	8	8	8
ES		134756	67088	135007	81059	187859	231648
Min		427267	390433	265200	401625	423158	546975
Max		1387200	898733	1416667	1073975	1779050	2132367

Notes : *Spires : nombre de spires ml⁻¹ Min : valeur minimale Max : valeur maximale.
ET : écart type ; Nb obs : nombre d'observation ; ES : écart standard ; Min : valeur
minimale Max : valeur maximale*

Evolution du taux de croissance μ dans 6 milieux M1 à M6 des expériences du 5 au 20-12-03 sur la souche Paracas et du 08 au 29-01-04 sur la souche Malgache

Souche Paracas							
Dates	Jours	μ M1	μ M2	μ M3	μ M4	μ M5	μ M6
5/12/2003	1						
7/12/2003	3	-0,44	-0,29	0,36	0,28	0,58	0,28
9/12/2003	5	0,34	0,44	-0,07	0,18	-0,30	0,09
11/12/2003	7	-0,05	-0,16	-0,12	-0,26	0,08	-0,19
13/12/2003	9	0,09	0,20	0,27	0,10	0,28	0,34
15/12/2003	11	0,00	0,09	0,18	0,15	0,08	0,08
17/12/2003	13	0,02	0,05	-0,04	0,11	0,11	0,05
20/12/2003	16	0,10	0,02	0,05	-0,01	0,01	0,03
Moyenne		**0,01**	**0,05**	**0,09**	**0,08**	**0,12**	**0,10**
ET		0,22	0,22	0,17	0,16	0,25	0,16
Nb obs		7	7	7	7	7	7
ES		**0,08**	**0,08**	**0,06**	**0,06**	**0,09**	**0,06**
Min		-0,4	-0,3	-0,1	-0,3	-0,3	-0,2
Max		0,3	0,4	0,4	0,3	0,6	0,3
Souche Malgache							
Dates	Jours	μ M1	μ M2	μ M3	μ M4	μ M5	μ M6
08/01/04	1						
10/01/04	3	0,0	-0,1	-0,6	0,0	0,3	0,0
13/01/04	6	0,1	0,1	0,3	0,1	0,0	0,2
16/01/04	9	0,1	0,1	0,1	0,1	0,1	0,0
19/01/04	12	0,0	0,1	0,1	0,1	0,3	0,3
22/01/04	15	0,2	0,1	0,2	-0,1	0,1	0,1
26/01/04	19	0,1	0,1	0,0	0,1	0,1	0,1
29/01/04	22	0,0	0,0	0,1	0,1	0,0	0,0
Moyenne		**0,08**	**0,04**	**0,03**	**0,07**	**0,11**	**0,09**
ET		0,06	0,07	0,29	0,07	0,11	0,08
Nb obs		7	7	7	7	7	7
ES		0,02	0,03	0,1	0,02	0,04	0,03
Min		0,01	-0,1	-0,6	-0,1	0,0	0,0
Max		0,2	0,1	0,3	0,1	0,3	0,3

Notes : μ M : taux de croissance calculé à partir du nombre de spires en milieu M; ET : écart type ; Nb obs : nombre d'observation ; ES : écart standard ; Min : valeur minimale Max : valeur maximale

Evolution du poids sec PS (g l^{-1}) de l'expérience du 5 au 20-12-03 sur la souche Paracas et du 08 au 29-01-04 sur la souche Malgache en milieux M1 à M6

Souche Paracas							
Dates	Jours	PS M1	PS M2	PS M3	PS M4	PS M5	PS M6
5/12/2003	1	0,24	0,14	0,18	0,22	0,26	0,26
7/12/2003	3	0,2	0,22	0,18	0,22	0,38	0,54
9/12/2003	5	0,28	0,28	0,28	0,32	0,4	0,640
11/12/2003	7	0,32	0,3	0,32	0,38	0,48	0,660
13/12/2003	9	0,34	0,44	0,44	0,42	0,64	0,78
15/12/2003	11	0,34	0,5	0,36	0,46	0,68	0,84
17/12/2003	13	0,36	0,54	0,4	0,6	0,84	0,9
20/12/2003	16	0,36	0,64	0,46	0,8	0,88	0,96
Moyenne		**0,31**	**0,38**	**0,33**	**0,43**	**0,57**	**0,70**
ET		0,06	0,16	0,10	0,18	0,21	0,21
Nb obs		8	8	8	8	8	8
ES		**0,02**	**0,06**	**0,04**	**0,06**	**0,07**	**0,07**
Min		0,2	0,1	0,2	0,2	0,3	0,3
Max		0,4	0,6	0,5	0,8	0,9	1,0
Souche Malgache							
Dates	Jours	PS M1	PS M2	PS M3	PS M4	PS M5	PS M6
08/01/04	1	0,500	0,34	0,18	0,260	0,4	0,38
10/01/04	3	0,280	0,16	0,34	0,340	0,4	0,32
13/01/04	6	0,260	0,2	0,42	0,300	0,4	0,36
16/01/04	9	0,28	0,18	0,54	0,360	0,46	0,46
19/01/04	12	0,36	0,26	0,64	0,62	0,52	0,54
22/01/04	15	0,44	0,38	0,62	0,552	0,56	0,78
26/01/04	19	0,56	0,44	0,7	0,72	0,76	0,88
29/01/04	22	0,66	0,58	0,72	0,76	0,82	0,98
Moyenne		**0,42**	**0,32**	**0,52**	**0,49**	**0,54**	**0,59**
ET		0,15	0,15	0,19	0,20	0,17	0,26
Nb obs		8	8	8	8	8	8
ES		**0,05**	**0,05**	**0,07**	**0,07**	**0,06**	**0,09**
Min		0,26	0,16	0,18	0,26	0,4	0,32
Max		0,66	0,58	0,72	0,76	0,82	0,98

Evolution de la production P (g l^{-1} j^{-1}) de l'expérience du 5 au 20-12-03 sur la souche Paracas et du 08 au 29-01-04 sur la souche Malgache en milieux M1 à M6

Souche Paracas							
Dates	Jours	PM1	PM2	PM3	PM4	PM5	PM6
5/12/2003	1						
7/12/2003	3	-0,02	0,04	0,00	0,00	0,06	0,14
9/12/2003	5	0,04	0,03	0,05	0,05	0,01	0,05
11/12/2003	7	0,02	0,01	0,02	0,03	0,04	0,01
13/12/2003	9	0,01	0,07	0,06	0,02	0,08	0,06
15/12/2003	11	0,00	0,03	-0,04	0,02	0,02	0,03
17/12/2003	13	0,01	0,02	0,02	0,07	0,08	0,03
20/12/2003	16	0,00	0,03	0,02	0,07	0,01	0,02
Moyenne		**0,01**	**0,03**	**0,02**	**0,04**	**0,04**	**0,05**
ET		0,02	0,02	0,03	0,02	0,03	0,04
Nb obs		7	7	7	7	7	7
ES		**0,01**	**0,01**	**0,01**	**0,01**	**0,01**	**0,02**
Min		0,0	0,0	0,0	0,0	0,0	0,0
Max		0,0	0,1	0,1	0,1	0,1	0,1
Souche Malgache							
Dates	Jours	PM1	PM2	PM3	PM4	PM5	PM6
08/01/04	1						
10/01/04	3	-0,11	-0,09	0,08	0,04	0,00	-0,03
13/01/04	6	-0,01	0,01	0,03	-0,01	0,00	0,01
16/01/04	9	0,01	-0,01	0,04	0,02	0,02	0,03
19/01/04	12	0,03	0,03	0,03	0,09	0,02	0,03
22/01/04	15	0,03	0,04	-0,01	-0,02	0,01	0,08
26/01/04	19	0,03	0,02	0,02	0,04	0,05	0,03
29/01/04	22	0,03	0,05	0,01	0,01	0,02	0,03
Moyenne		**0,001**	**0,01**	**0,03**	**0,02**	**0,02**	**0,03**
ET		0,05	0,05	0,03	0,04	0,02	0,04
Nb obs		7	7	7	7	7	7
ES		**0,02**	**0,02**	**0,01**	**0,02**	**0,01**	**0,01**
Min		-0,1	-0,1	-0,007	0,0	0,0	0,0
Max		0,033	0,047	0,1	0,1	0,1	0,1

Evolution du taux de croissance μ dans 6 milieux M1 à M6 de l'expérience du 5 au 20-12-03 sur la souche Paracas et du 08 au 29-01-04 sur la souche Malgache

				Souche Paracas			
Dates	Jours	μ M1	μ M2	μ M3	μ M4	μ M5	μ M6
5/12/2003	1						
7/12/2003	3	-0,13	0,33	0,00	0.28	0,27	0,53
9/12/2003	5	0,24	0,17	0,32	0.18	0,04	0,12
11/12/2003	7	0,10	0,05	0,10	-0.26	0,13	0,02
13/12/2003	9	0,04	0,28	0,23	0.10	0,21	0,12
15/12/2003	11	0,00	0,09	-0,14	0.15	0,04	0,05
17/12/2003	13	0,04	0,06	0,08	0.11	0,15	0,05
20/12/2003	16	0,00	0,08	0,07	-0.01	0,02	0,03
Moyenne		**0,04**	**0,15**	**0,09**	**0.08**	**0,12**	**0,13**
ET		0,10	0,10	0,14	0.16	0,09	0,17
Nb obs		7	7	7	7	7	7
ES		**0,04**	**0,04**	**0,05**	**0.06**	**0,03**	**0,06**
Min		-0,1	0,0	-0,1	-0.3	0,0	0,0
Max		0,2	0,3	0,3	0.3	0,3	0,5
				Souche Malgache			
Dates	Jours	μ M1	μ M2	μ M3	μ M4	μ M5	μ M6
08/01/04	1						
10/01/04	3	-0,42	-0,54	0,46	0.19	0,00	-0,12
13/01/04	6	-0,04	0,11	0,10	-0.06	0,00	0,06
16/01/04	9	0,04	-0,05	0,12	0.09	0,07	0,12
19/01/04	12	0,12	0,18	0,08	0.26	0,06	0,08
22/01/04	15	0,10	0,18	-0,02	-0.06	0,04	0,18
26/01/04	19	0,09	0,05	0,04	0.10	0,11	0,04
29/01/04	22	0,08	0,13	0,01	0.03	0,04	0,05
Moyenne		**-0,005**	**0,01**	**0,11**	**0.08**	**0,04**	**0,06**
ET		0,19	0,27	0,17	0.13	0,04	0,10
Nb obs		7	7	7	7	7	7
ES		**0,07**	**0,10**	**0,06**	**0.05**	**0,02**	**0,04**
Min		-0,4	-0,5	0,0	-0.1	0,0	-0,1
Max		0,1	0,2	0,5	0.3	0,1	0,2

Evolution de température ambiante de l'air de l'expérience du 5 au 20-12-03 sur la souche Paracas

Dates	T ° air
5/12/2003	30
7/12/2003	33
9/12/2003	32
11/12/2003	31
13/12/2003	32,5
15/12/2003	29,5
17/12/2003	26,5
20/12/2003	27
Moyenne:	**30**
ET	2,28
Nb obs	8
ES	**0,8**
Min	26,5
Max	33

Evolution de température de l'air de l'expérience du 08 au 29-01-04 sur la souche Malgache

Dates	T ° air
08/01/04	31
10/01/04	30,5
13/01/04	31
16/01/04	31
19/01/04	31
22/01/04	28
26/01/04	34,5
29/01/04	31,5
Moyenne:	**31**
ET	1,76
Nb obs	8
ES	**0,6**
Min	28
Max	35

Notes : T° air : température de l'air (°C) ; ET : écart type ; Nb obs : nombre d'observation ; ES : écart standard ; Min : valeur minimale Max : valeur maximale

6.5 Annexe 5 : La communauté villageoise de la région de Toliara.

6.5.1 *Structure*

Les populations du Sud-ouest appartiennent à un petit nombre de groupes ethniques différents parmi lesquels ils convient de distinguer les autochtones (*tompontany*) qui jouissent d'un certain nombre de privilèges, notamment fonciers, et les migrants (*mpiavy*) qui doivent souvent accepter certaines formes de dépendance à l'égard des autochtones.

Les ethnies du Sud-ouest ne se définissent pas par des critères biologiques (il n'y a aucune différence physique repérable entre un Sakalava et un Mahafale par exemple), mais sur des critères politiques qui se prolongent souvent par des pratiques productives spécifiques.

Les Sakalava, par exemple, sont les descendants directs de ceux qui, au temps des Royaumes, vivaient sous l'autorité de souverains choisis dans le clan royal Maroserana, et qui habitaient entre les fleuves Mangoky et Manambolo. Les Masikoro, très proches culturellement des Sakalava, sont les descendants directs des peuples qui vivaient autrefois entre les fleuves Onilahy et Mangoky sous l'autorité de souverains choisis dans le clan royal Andrevola. Les Antandroy sont issus des populations qui obéissaient à des souverains choisis dans le clan Andriamanary, et vivaient à l'extrême sud de la Grande Ile entre les fleuves Menarandra et Mandrare. Les Mahafale, descendent des groupes qui, vivant sur le plateau très sec entre les fleuves Menarandra et Onilahy, choisissaient leurs souverains dans un clan Maroserana apparenté au clan royal sakalava, mais bien distinct de celui-ci. Parmi les Mahafale, ceux qui ont choisi de vivre sur le littoral entre les fleuves Menarandra et Onilahy sont connus sous le nom de Tanalana et sont nombreux aujourd'hui, dans la   ville de Tuléar où ils côtoient les

Masikoro et les Vezo, qui y sont considérés eux aussi comme autochtones. Les Bara, au nord de l'Onilahy et à l'est du massif de l'Analavelona obéissaient à des souverains issus du clan Zafimanely. Les Vezo, pêcheurs de mer sont les seuls à être caractérisés plus par leur système de production (la pêche en mer) que par l'appartenance ancienne à un système politique puisque les villages Vezo dépendaient, selon leur localisation, des souverains de groupes ethniques voisins : les rois Sakalava pour les Vezo au nord du Mangoky, les rois Masikoro pour les Vezo installés entre Onilahy et Mangoky, les rois Mahafale pour les Vezo vivant au sud de l'Onilahy jusqu'à la Linta…

Chacun de ces groupes ethniques présente des systèmes de production relativement spécifiques. Les Vezo, les plus originaux, sont à peu près exclusivement pêcheurs de mer, avec une différence entre les « vrais » Vezo qui pêchent en mer, parfois au-delà de la barrière récifale, et les *Vezompotake*, les « Vezo de la boue », qui pêchent plutôt dans la mangrove en faisant, parfois, un peu d'agriculture. Antandroy et Mahafale sont avant tout des éleveurs de bœufs, mais, au cours des siècles, ils ont été amenés à développer une agriculture sèche non négligeable. Quand ils émigrent hors de leur pays d'origine, ils pratiquent une agriculture sur brûlis forestiers (technique du *hatsake*) que l'on considère aujourd'hui comme très destructrice de l'environnement, alors qu'autrefois la faiblesse des surfaces ainsi cultivées ne suscitait pas de véritable inquiétude. La culture en *hatsake* du maïs et des arachides s'est récemment développée notamment depuis qu'une forte demande de maïs émane des élevages de porcs de La Réunion. Sakalava et Masikoro sont traditionnellement de grands éleveurs de bœufs, mais leur agriculture s'est fortement développée depuis un siècle et des terroirs agricoles permanents se sont développés. Dans le

Menabe, la riziculture irriguée sakalava, pourtant basée sur des techniques traditionnelles parfois archaïques, a pris une réelle importance. Les Bara sont d'excellents éleveurs de bœufs et ont la réputation (parfois méritée) d'être de redoutables voleurs de bœufs. Leur agriculture a aussi beaucoup progressé depuis quelques décennies.

Parmi ces groupes, les Tandroy, dont la région d'origine, l'Androy, à l'extrême sud du pays, subit de graves sécheresses récurrentes, sont fortement contraints à migrer quelquefois de façon définitive. On les trouve un peu partout à Madagascar, et, notamment, dans l'Ouest et le Sud-ouest où ils viennent souvent pour cultiver temporairement du maïs sur *hatsake*. Depuis quelques années, les Mahafale suivent cet exemple. On les trouve nombreux, notamment, dans la région de Morondava.

La base de la cohésion des communautés villageoises, dans le Sud-ouest de Madagascar, repose sur l'existence, entre les habitants, de relations de parenté et d'alliance définies par les notions clan et de lignage.

Le clan d'après la définition de E.Fauroux (Fauroux, 1989) est l'ensemble des descendants en filiation principalement patrilinéaire d'un ancêtre commun considéré comme le fondateur du clan. L'unité de ce groupe est définie par un nom (Sakoambe, Misara, Andrevola, Andrasily…), par un type de marques d'oreilles pour les bœufs du clan (marques souvent décrites comme le « blason » du clan), par des interdits (principalement alimentaires) et par des traditions de clan (les mythes et légendes relatives à la fondation du clan, à l'histoire de ses fondateurs…). Dans l'Androy et en pays Mahafale, le clan correspond à une réalité sociologique : un espace clanique utilisé, parfois, depuis plusieurs siècles, un chef de clan responsable du *hazomanga* (poteau cérémoniel qui symbolise l'unité du clan). En pays sakalava ou masikoro, par contre, le clan, au cours du

213

temps, a éclaté en de multiples lignages et n'a plus de réalité sociologique. Il existe toujours un nom, une marque d'oreille, des traditions de clan, mais le clan est éclaté en de multiples unités qui, en termes anthropologiques, sont définies comme des lignages. Le lignage (Fauroux, 1989) est constitué par l'ensemble des personnes appartenant à un même clan qui résident en un même lieu (un village ou un petit ensemble de villages et de hameaux géographiquement proches les uns des autres) et qui appartiennent à la même unité cérémonielle sous l'autorité d'un même *mpitoka hazomanga* (responsable du poteau cérémoniel). Les membres d'un même lignage se connaissent, savent quels liens généalogiques les unit, participent aux mêmes cérémonies, alors que les membres d'un même clan sont trop nombreux et trop dispersés pour bénéficier de relations mutuelles aussi précises.

Dans la plupart des cas, les villages de l'Ouest et du Sud-ouest sont composés de deux (ou trois) lignages alliés principaux qui, autrefois ou récemment, ont fondé le village, et de plusieurs lignages secondaires alliés aux fondateurs (« gendres » ou « frères de sang » - *fatidrà*- ou *mpiziva* – parents à plaisanterie). La structure de pouvoir est pyramidale : le chef de chaque lignage (le *mpitoka hazomanga*) est rigoureusement respecté par les membres de son lignage. On devient chef de lignage en fonction de sa place généalogique. Il faut, en principe, être l'aîné de la lignée aînée issue de l'ancêtre fondateur. A sa mort, le chef de lignage est remplacé par ses frères plus jeunes et non par son fils. Le fils ne prend le contrôle du *hazomanga* que quand la génération aînée (les frères cadets de son père) est épuisée. De cette manière, on ne peut accéder à ce statut privilégié qu'à condition d'être âgé. Le chef de lignage *mpitoka* prend toutes les décisions importantes, n'a pas à justifier ces   décisions et, normalement, est sûr d'être obéi sans discussion (lui désobéir serait désobéir aux ancêtres et provoquerait des conséquences très graves qui pourraient aller jusqu'à l'exclusion du coupable hors de la communauté lignagère).

On peut distinguer au moins trois autres types de pouvoirs, bien différenciés qui contribuent à former ce qu'on appelle le « pouvoir traditionnel ».

Le plus important est sans doute celui qui émane de quelques individus qui ont réussi à s'enrichir en marge du pouvoir lignager. On les désigne parfois sous le nom de *mpanarivo*, littéralement, « ceux qui en ont mille » (sous entendus « mille bœufs »). Ils ont réussi à devenir riches en contournant les mécanismes de redistribution internes au lignage et, généralement, ils savent utiliser intelligemment leur richesse en dehors du cadre lignager, par exemple, en se montrant généreux à l'égard de villageois pauvres qui deviennent ainsi leurs obligés. Un *mpanarivo* habile ne tarde pas, ainsi, à contrôler des rapports de clientèle importants qui dépassent largement le cadre de la parenté. Certains *mpanarivo* deviennent, en vieillissant, chefs de lignage mais le plus souvent le pouvoir lignager et le pouvoir lié à la richesse ne coïncident pas et sont même, parfois, concurrents. Les *mpanarivo*, malgré le dynamisme qui leur a permis de s'enrichir, ne représentent généralement pas des forces de progrès car leur pouvoir s'appuie souvent sur des forces archaïques : les vols de bœufs, la magie, l'appartenance à des réseaux de type maffieux.

Les *ombiasy* (devin-guérisseurs) incarnent le pouvoir magique qui constitue une force souterraine importante, très redoutée quand elle s'exprime par la magie noire. Tous les villageois s'adressent aux *ombiasy*, pour des raisons positives (surmonter une épreuve difficile, détourner l'attaque magique d'un rival ou d'un ennemi, guérir d'une maladie, éviter un destin porteur de malheur, échapper aux conséquences néfastes d'une faute commise contre les règles traditionnelles, choisir un jour faste pour une cérémonie…) ou des raisons négatives (jeter un sort à un ennemi ou, carrément, l'empoisonner, rendre mauvais le destin d'un rival qui, normalement, serait plutôt bon, provoquer la mauvaise récolte d'un voisin dont on jalouse la réussite…). L'*ombiasy* est aussi un conseiller très écouté par tous les décideurs : la date choisie pour tel évènement est-elle faste ? Existe-il du *havoa* (malédiction d'origine surnaturelle pesant sur un lignage quand un ou plusieurs de ses membres ont commis des fautes contre les règles édictées par les ancêtres) ? Si c'est le cas, comment le faire disparaître ? Comment interpréter les signes que les ancêtres envoient constamment aux vivants pour leur exprimer leur satisfaction ou leur mécontentement et comment tenir compte de ces signes (rêves, incidents divers d'origine surnaturelle) pour satisfaire les ancêtres, ce qui constitue une condition indispensable pour accéder à la prospérité ?

Les possédés (principalement dans le cadre de la possession de type *tromba*) sont aussi des conseillers écoutés, surtout lorsqu'ils sont en transe car à travers leur bouche s'expriment des personnages très respectés, des souverains ayant régné autrefois dans la région ou ailleurs (souvent dans le Nord-ouest de Madagascar), ou des personnages hors du commun ayant connu une fin tragique… Les possédés parlent, donnent des remèdes pour guérir les malades qui viennent les consulter, mais ils donnent aussi des conseils (comment retrouver l'amour d'un conjoint infidèle, comment résoudre tel problème, pour qui voter… ?). Cependant les possédés paraissent souvent manipulés par les *saha*, personnages chargés de faire comprendre au public les paroles, souvent très confuses, du possédé en transe. Ils donnent parfois l'impression d'interpréter très librement, à leur guise, ces paroles peu compréhensibles pour le public.

Ce que l'on appelle de façon très simplifiée le pouvoir traditionnel est une synthèse locale des interactions entre les divers pouvoirs. En certains lieux, le pouvoir lignager est prééminent, en d'autres, c'est le pouvoir des *mpanarivo*. Tout dépend des particularités de l'histoire locale, dont l'éventuelle forte personnalité d'un « leader » ou des évènements survenus dans un passé récent...

Dans l'ensemble, le pouvoir lignager a perdu une partie de sa force en raison des difficultés économiques que traverse le milieu rural depuis quelques décennies. En effet, en période de crise, les *mpitoka hazomanga* perdent une partie de leur prestige dans la mesure où la pauvreté ne permet pas au lignage d'assurer toutes ses obligations. Par exemple, le lignage peut n'avoir pas assez de bœufs pour réaliser la cérémonie de la circoncision pour certains de ses jeunes membres, de sorte que le jeune homme devra se salarier pour obtenir les bœufs indispensables, alors que, normalement, il devrait pouvoir compter aveuglément sur son *mpitoka* et sur son lignage. Le plus souvent, par une sorte de mécanisme de vases communicants, ce type de perte de prestige des chefs lignagers est compensé par l'émergence du pouvoir des *mpanarivo* qui « prêtent » avec une apparente générosité les bœufs manquants et qui, en échange, pourront demander un grand nombre de prestations aux bénéficiaires (travail gratuit ou quasi-gratuit, participation à des raids lancés pour voler des bœufs...).

Depuis quelques années, les représentants locaux du *Fanjakana* (l'Administration centrale) ont aussi pris une certaine importance. Le président du *fokontany* est l'agent de transmission entre le *Fanjakana* et les villageois. Il n'était autrefois qu'un simple exécutant, souvent méprisé par les autres villageois, car on le considérait à l'époque coloniale et dans les années qui ont immédiatement suivi, comme le « valet » du pouvoir central, chargé de réprimer les mauvais contribuables et les citoyens obéissant mal aux injonctions de l'Etat. Des réformes récentes ont sensiblement amélioré la façon dont les représentants locaux de l'Etat sont perçus au niveau villageois. En principe, ils sont choisis par le Préfet ou le Sous-préfet sur une liste de 2 ou 3 noms, présentée par les villageois eux-mêmes. Quand la volonté villageoise est respectée, ce personnage peut avoir une réelle autorité car il a généralement été choisi pour sa représentativité (il appartient le plus souvent à un lignage fondateur du village ou, au moins, relativement prestigieux localement), son bon niveau d'instruction et son aptitude à parler et à négocier en présence de visiteurs de marque. Malheureusement, au moins jusqu'à une période récente, l'Administration n'entérinait pas toujours le choix des villageois et imposait quelquefois un personnage qui lui était dévoué même s'il n'était pas apprécié par ses compatriotes. Les présidents de *fokontany* et les autres représentants locaux du pouvoir central sont, dans tous les cas, incontournables, d'abord pour que des étrangers puissent se présenter officiellement au village, ensuite dans toutes les négociations qui peuvent avoir lieu, par exemple, pour proposer la mise en place d'une innovation.

A première vue, les observateurs pressés ou peu attentifs peuvent croire à l'existence de « communautés villageoises » très homogènes dont la forte cohésion repose sur la parenté et l'alliance, l'enchevêtrement de ces relations sur longue durée conduisant à peu près tout le monde à être le parent (*havana*) ou l'allié (*longo)* de tout le monde. En fait, le niveau villageois est très généralement caractérisé par une grande hétérogénéité des stratégies et donc des décisions. Des études anthropologiques récentes (travail de E.Fauroux, en préparation, sur « les structures micro locales du pouvoir dans l'Ouest et le Sud-ouest malgaches », travaux de l'Equipe de Recherche Associée CNRE/ORSTOM de Tuléar entre 1986 et 2001, travaux plus anciens de Paul Ottino (Ottino 1964), H.Lavondès (Lavondès 1967) et P.Koechlin (Koechlin 1975)) ont montré que plusieurs types de stratégies s'affrontent constamment au niveau villageois, même si elles apparaissent peu visibles à l'observateur pressé qui ne voit que le *fihavanana* ou le *filongoa* (la paix résultant des relations de bon voisinage) largement affichés face à l'observateur extérieur auquel on ne veut pas montrer les divisions internes: stratégies visant à assurer la prééminence du lignage dominant, stratégies poussant les lignages secondaires à contester la prééminence de ce lignage, conflits plus ou moins larvés entre *tompontany* autochtones et *mpiavy* migrants, stratégies régionales de grands *mpanarivo* qui cherchent à élargir leur aire d'intervention, conflits entre *mpanarivo* soucieux d'éliminer des rivaux freinant l'agrandissement de leur aire d'intervention, interventions secrètes d'*ombiasy* soucieux de favoriser l'accroissement du pouvoir économique et social de l'un de leurs protégés, grands éleveurs s'opposant au développement d'une agriculture sédentaire qui porte atteinte à leurs espaces pastoraux, pêcheurs qui se disputent leurs zones de pêche….

6.5.2 *Le pouvoir de décision au niveau villageois.*

En principe, le *mpitoka hazomanga* du lignage le plus fort prend seul la décision qui lui convient sans avoir à la justifier. Il doit parfois négocier (de manière très discrète, à l'insu des autres villageois) avec le ou les chef(s) du petit nombre de lignages ayant à peu près la même importance. S'il hésite sur la décision à prendre, il peut être aidé ou conseillé par les autres personnes âgées de son lignage, les *olobe* (ou notables lignagers ou *ray-aman-dreny*). La décision prise par le[219]représentant du ou des lignages les plus puissants s'impose d'elle-même aux membres des lignages les moins puissants. Cependant, la sagesse pousse généralement le décideur à ne pas imposer de décisions inacceptables et à rechercher un consensus avec les personnes qui ne décident pas. Le (les) décideur(s) étant toujours des personnes âgées, ce type de pouvoir est fortement marqué par la tradition et est généralement peu ouvert aux innovations ou aux nouveautés que pourraient souhaiter introduire les villageois les plus jeunes et, notamment, ceux qui ont fait des études ou ont habité quelque temps en ville.

Il existe dans l'Ouest, sur un modèle inspiré d'une institution existant dans les hautes terres, des assemblées délibérantes, dites « assemblées de *fokonolona* » qui paraissent fonctionner sur les bases d'une démocratie directe. Les études de E.Fauroux (cf. notamment son article sur « L'illusion participative » (sous presse) en collaboration avec Ch.Blanc-Pamard) (Blanc-Pamard, 1999) ont montré que les débats étaient biaisés, de telle manière que les décisions prises par ces assemblées ne sont appliquées que si elles sont conformes aux décisions des 2 ou 3 vrais décideurs locaux. Les débats ne donnent d'ailleurs que l' « illusion » de la démocratie. Tout le monde, certes, a le droit de prendre la parole à son tour, mais il est pratiquement impossible, à un jeune homme ou à une femme, d'exprimer un point de vue contraire à celui qui a été exprimé par un notable respecté ou par un chef de lignage important. Ces assemblées servent essentiellement, en fait, à entériner le point de vue du petit nombre de vrais décideurs.

Généralement, la « sagesse malgache » pousse les décideurs à prendre des décisions qui entraînent un certain consensus, même parmi ceux qui ne sont pas avantagés par ces décisions. A Madagascar, les dominés manifestent souvent une certaine résignation pour   accepter les décisions prises par ceux dont on admet à peu près la supériorité. En général, on ne rejette pas les décisions prises par les puissants locaux si elles ne cherchent pas à aggraver la domination qui existe déjà. Par contre, on peut se révolter de diverses manières (stratégies magiques ou économiques contre le décideur abusif, changement de résidence vers un lieu où la domination des autochtones est moins exigeante…) si la nouvelle décision cherche à aggraver la subordination des dominés.

6.5.3 *Les instances de gestion des problèmes supra-villageois ou supra-lignagers.*

Dans les sociétés rurales de l'Ouest et du Sud-ouest, les problèmes lignagers sont très faciles à régler puisque la décision du chef de lignage s'impose sans aucune discussion. Dans les problèmes mettant en cause plusieurs lignages/clans, la décision est facile lorsque, comme c'est le cas le plus fréquent, l'un des groupes est nettement dominant (il est, par exemple, fondateur du village, il appartient au groupe autochtone et s'oppose à des migrants…). Dans tous ces cas, le groupe dominant imposera facilement sa volonté s'il sait rechercher le consensus, c'est-à-dire s'il ne cherche pas à imposer une décision manifestement injuste. Mais on considère généralement comme tout à fait acceptable (cela apparaît absolument normal) que la décision avantage (raisonnablement) le groupe localement le plus fort. On est là assez loin des principes démocratiques « à l'européenne » qui veulent que tous soient égaux devant la loi.

Lorsque les lignages/ clans sont de force sensiblement égale ou lorsque le groupe « faible » ne reconnaît pas son « infériorité », il existe, en un premier niveau, des procédures simples qui permettent aux *olobe* des lignages concernés de se rencontrer et de négocier de manière courtoise dans les formes fournies par la221tradition. Si cette phase n'aboutit pas à un accord stable, chez les Antandroy, les Mahafale, les Tanalana et, parfois, les Vezo, on peut recourir à des *mpizaka*, sorte de négociateurs quasiment professionnels, connus pour leur aptitude à écouter les parties en cause dans un litige et à élaborer, en accord avec les règles issues de la tradition (qu'ils connaissent parfaitement), des solutions équitables convenant à toutes les parties en cause. Les solutions trouvées et généralement très bien acceptées ne correspondent pas toujours aux solutions issues du droit moderne, car elles tiennent compte de paramètres confidentiels, voire secrets, dont les parties n'osent pas parler publiquement. Par exemple, l'une des parties a un statut très inférieur car il s'agit d'anciens dépendants; une solution mettant cette partie sur le même pied qu'un lignage noble serait considérée par tous, y compris par les anciens dépendants, comme une injustice, ou, au moins, comme une anomalie alors que le droit moderne, résolument démocratique, imposerait un traitement égalitaire pour toutes les parties en cause.

Il existe souvent, aussi des conventions collectives, les *dinampokonolona* (ou *dina*) qui imposent une réglementation émanant souvent du pouvoir central ou, en tous cas, s'appliquant à un grand nombre de communautés villageoises. Ces conventions portent souvent, par exemple, sur les vols de bœufs, réglementant les sanctions prises contre les voleurs dont on a prouvé la faute. Les *dina* fonctionnent souvent, aussi, comme une instance judiciaire permettant de régler les litiges qui n'ont pu être réglés ni au niveau lignager, ni par l'intervention des *mpizaka*. Si un litige n'a toujours pas pu être réglé à ce niveau, il sera alors porté, en dernière instance, devant les Tribunaux, ce qui est généralement considéré comme une catastrophe par les parties honnêtes, car les villageois pensent (à tort ou à raison) qu'avec les tribunaux on entre dans le domaine de la

222

corruption et que c'est le plus riche et le plus corrupteur qui l'emportera.

6.5.4 *Pouvoir de transformation des sociétés villageoises et potentiel villageois d'acquisition d'innovations.*

Le problème posé par l'adoption d'une innovation dans les populations rurales malgaches est complexe. Les techniciens étrangers ont souvent éprouvé de grands déboires en voulant imposer des innovations techniquement excellentes mais qui ne correspondaient nullement aux préoccupations villageoises (Fauroux, 2002), à propos de l'exemple fourni par l'échec de l'introduction de la herse attelée dans le Menabe. Par contre, lorsqu'une innovation permet la solution d'un vrai problème dont la solution est considérée comme urgente par les villageois, l'expérience prouve qu'elle est rapidement acceptée et que la prétendue «mentalité traditionnelle» ne constitue plus un véritable obstacle. L'incompréhension entre techniciens «modernes» et ruraux «traditionnels» provient souvent, en fait, de l'existence d'objectifs différents. Par exemple, les villageois ne s'intéressent pas à la possibilité d'une augmentation de la productivité quand l'espace n'est pas limité et qu'on peut augmenter la production simplement en augmentant un peu les surfaces cultivées. De même, ils acceptent mal les innovations qui demandent des intrants importants qu'on ne peut acquérir qu'avec des dépenses monétaires qui mettent en difficulté la trésorerie fragile des paysans. De même encore, sont refusées les innovations qui supposent l'utilisation d'une main d'œuvre dépassant le cadre lignager. Le souci de continuer à produire sur les anciennes bases est souvent plein de bon sens, dans la mesure où le système marchand est conçu pour confisquer aux paysans une bonne partie de la production supplémentaire résultant de leur « sur travail » (études de P. Ottino sur les systèmes de commercialisation mis en place par les indopakistanais) (Ottino, 1988).

Par contre, les innovations qui paraissent capables d'améliorer la trésorerie paysanne sans recourir à une grande augmentation de la force de travail utilisée paraissent tout à fait acceptables et sont même franchement souhaitées. C'est ce qui semble ressortir des tentatives effectuées en pays Vezo pour la culture des algues rouges (exemple : *Euchema*). Cette culture a intéressé la zone côtière entre Toliara et Morombe et vise une augmentation pérenne des revenus des pêcheurs vivant sur le littoral du Sud-Ouest de Madagascar. En effet, les pêcheurs traditionnels sont confrontés à une baisse tendancielle des revenus que leur procure depuis longtemps la pêche et qui est dû à la surexploitation des ressources. L'algoculture est destinée à devenir une activité génératrice de revenu complémentaire et surtout monétarisée par comparaison aux activités de recherche alimentaire. Elle a un caractère familial qui, de surcroît, donne un rôle prépondérant à la femme. Un exemple du *gene*.

L'énorme temps de travail que demande la culture d'algue ne correspond pas à la tradition de multi activités de subsistance des villages côtiers. En effet comme toute communauté rurale, les activités sont réglées en fonction des potentialités saisonnières comme la culture du riz, la période d'abondance des poissons pélagiques etc.....

6.6 Annexe 6 : Détail d'évaluation de coût de la ferme pilote

La réalisation d'un projet de culture de Spiruline dans un village pilote demande l'assistance d'un expert en algoculture, la construction d'une ferme de production, l'achat des matériels et des intrants et le déplacement dont l'évaluation du coût est la suivante.

6.6.1 *Ferme pilote*

Le terrain d'installation de cette ferme, la construction des bassins et le suivi des cultures constituent les apports bénéficiaires. Le coût de la préparation des outils, matériels de construction de bassins de 2 m² et de 10 m² de la ferme pilote est résumé au Tableau 33.

Tableau 33 : Evaluation de coût exprimé en Franc malgache (Fmg) et en Euros (€) de préparation de matériels, outils de construction de bassins d'une ferme pilote.

Désignation	Coût	
	Fmg	€
Préparation des outils	1 033 000	86,08
Matériels de construction de 2 bassins (2 m² et 10 m²)	1 156 000	96,33
Matériel de récolte	540 000	45
Matériel de pressage	95 000	8
Extrudeuse et claie de séchage	308 000	25,66
Total	**3 132 000**	**261,07**

1 € = 12 000 Fmg

En milieu eau de mer, l'évaluation du coût est présentée selon le cas où, on procède ou non une optimisation (avec ou sans traitement de l'eau de mer) pendant la préparation du milieu de culture Tableau 34 c'est-à-dire, l'eau de mer est traitée ou non avant d'enrichir. Lorsque nous parlons d'optimisation, nous parlons en termes de coût.

Tableau 34 : Evaluation en Fmg et en € du coût des éléments nutritifs d'une culture en eau de mer EMTE et en eau douce enrichie EDE pendant un an.

Désignation	Fmg	€
Culture en milieu EMTE	390 000	32,5
Culture en eau douce enrichie (EDE)	295 000	24,58
Culture optimisée en coût (eau de mer sans traitement mais enrichie EME)	123 000	10.25

1 € = 12 000 Fmg

6.6.2 *Investissement de la culture pilote*

Dans l'évaluation de coût au Tableau 35, je choisis comme référence la culture en milieu EMTE. Par contre, quand le village n'a pas de source d'eau de mer, éloigné de la côte, mais dispose de l'eau douce, on peut changer l'option de culture en EDE car le coût de culture en EMTE est légèrement supérieur à celui en EDE.

Tableau 35 : Coût en Franc malgache (Fmg) et en Euro (€) de l'investissement de culture pilote dans un village pendant 5 ans (A1 à A5)

Désignation	Coût de culture pilote (Fmg/Euros) x1000					
	A1	A2	A3	A4	A5	Total
Outils et matériels de construction	3132 0,26 €	-	-	-	-	3132 0,26 €
Produits nutritifs d'une culture sans optimisation EMTE	390 0,03 €	390 0,03 €	390 0,03 €	390 0,03 €	390 0,03 €	1950 0,16 €
Total	3522 0,29 €	390 0,03 €	390 0,03 €	390 0,03 €	390 0,03 €	5082 0,42 €

1 € = 12 000 Fmg

Un financement de 5.082.000 Fmg ou 423,5 € est nécessaire pour l'achat des outils, matériels de construction ainsi que les produits nutritifs pendant 5 ans de culture pilote dans un village. L'installation est entièrement à la charge des bénéficiaires.

6.6.3 *Formations*

Dans le cadre de la formation, l'expert doit percevoir pour chaque jour complet de travail sur le terrain un per diem de 75.000 Fmg ou 6,25 €. Afin de mieux assurer le bon déroulement des travaux : encadrement, formation, conseil technique de la construction et de la culture, il doit être présent au village pendant 42 jours en première année et 20 jours les années suivantes. Ce qui correspond au total de 122 jours en 5 ans et de **9.150.000** Fmg ou **762.5 €** de per diem. Pendant les jours de son absence du village, ce sont les 4 assistants villageois qui prennent le relais.

6.6.4 *Déplacement*

L'expert habite dans la capitale de la région, pour réaliser ces travaux, un déplacement est obligatoire. Le frais de voyages régionaux est fixé à 240.000 Fmg ou 20 € allé et retour. Le nombre total de voyages effectués est 6 en première année et 4 par an les années suivantes, soit au total de 22 voyages qui correspondent à un coût de **5.280.000** Fmg ou **440 €**

6.6.5 *Investissement des cultures familiales*

Le nombre de familles dans un village du Sud de Madagascar est au maximum 40. Dans cette évaluation je prends le double, un village ayant 80 familles dont l'investissement est résumé au Tableau 36. La première année est destinée à la formation des responsables familiaux et c'est à partir de la deuxième année que commence la culture familiale proprement dite.

Tableau 36 : Coût en Franc malgache (Fmg) et en Euro (€) de l'investissement de culture familiale dans un village pilote pendant 5 ans (A1 – A5)

Désignation		Culture familiale				
	A1	A2	A3	A4	A5	Coût total
Outils et matériels de construction	-	62640000 5220 €	-	-	-	62640000 5 220 €
Produits nutritifs de culture en EMTE	-	7800000 650 €	7800000 650 €	7800000 650 €	7800000 650 €	31200000 2 600 €
Total		70440000 5 870	7800000 650 €	7800000 650 €	7800000 650 €	93840000 7 820 €

1 € = 12 000 Fmg

227

Il s'agit d'une évaluation de l'investissement annuel de 20 unités de production villageoise correspondant au groupement par 4 de 80 familles. Chaque groupe organise sa propre production pendant 4 ans. Pour réaliser ces unités de production, un investissement de 93.840.000 Fmg ou 7.820 € est nécessaire.

6.6.6 *Coût du personnel*

Les salaires mensuels de l'expert et du secrétaire comptable sont identiques, d'un montant de 1.000.000 Fmg ou 83,33 € chacun. Pendant 5 ans, leurs deux salaires sont évalués au total à 120.000.000 Fmg ou 10.000 €.

6.7 Annexe 7 : Détail de calcul du coût de projet régional

6.7.1 *Culture pilote dans les villages cibles*

Rappelons que le coût de réalisation de culture par unité de production et par village est identique à celui de la ferme pilote Tableau 35. Ce qui le différencie à ce présent projet, c'est le nombre élevé de villages cibles (100). Ainsi, le coût de réalisation de culture pilote par village et pendant 5 ans est au total de 5.082.000 Fmg ou 423,5 €. Pour 100 villages, il est de **508.200.000 Fmg ou 42.350 €.**

Le démarrage chaque année de la culture pilote au village permet d'assurer la distribution de souche de Spiruline vivante aux groupes de famille.

Le Tableau 37 montre le coût par an de réalisation des cultures familiales. Elles sont groupées par 4 pour construire un bassin, démarrer et suivre une culture.

Tableau 37 : Coût en Fmg et en € de l'investissement et fonctionnement par groupe de familles et par an de la culture familiale

Désignation	Culture familiale					
	A1	**A2**	**A3**	**A4**	**A5**	**Coût total**
Outils et matériels de construction	-	3 132 000 261 €	-	-	-	3 132 000 261 €
Produits nutritifs (culture sans optimisation en EME)	-	390 000 32,5 €	390 000 32,5 €	390 000 32,5 €	390 000 32,5 €	1 560 000 130 €
Total	-	3 522 000 293,5 €	390 000 32,5 €	390 000 32,5 €	390 000 32,5 €	4 692 000 391 €

1 € = 12 000 Fmg

Au niveau familial, chaque groupe doit disposer un investissement de 3.132.000 Fmg ou 261 € dans 5 ans et de fonctionnement de 390.000 Fmg ou 32,5 € par an. Le coût de réalisation de culture d'un groupe pendant 5 ans est de 4.692.000 Fmg.

Les 2.000 groupes de familles dans 5 communes doivent disposer une somme de **9.384.000.000 Fmg** ou **782.000 €** au total pour leur culture pendant 4 ans.

Le coût de réalisation de culture pilote et groupe familial est au total de **9.892.200.000 Fmg** soit **824.350 €**.

6.7.2 *Charge de personnel*

La charge des personnels engagés dans ce projet est résumée au Tableau 38. On évalue les salaires annuels de 34 formateurs qui effectuent son travail pendant 2 ans, l'expert, comptable et secrétaire qui sont en activité pendant le projet.

Tableau 38 : Evaluation en Fmg et en € des salaires annuels des personnels pendant l'exécution du projet

Fonction	Salaires mensuels	Coûts salariés (Fmg/€)x1000				
		A1	A2	A3	A4	A5
Expert	1500 0,125 €	18000 1,5 €	18 000 1,5 €	18000 1,5 €	18000 1,5 €	18000 1,5 €
Formateurs	1000 0,083 €	408 000 34 €	408 000 34 €			
Comptable	1000 0,083 €	12000 1 €	12000 1 €	12000 1 €	12000 1 €	12000 1 €
Secrétaire	1000 0,083 €	12000 1 €	12000 1 €	12000 1 €	12000 1 €	12000 1€
Total des salaires		450000 37,5 €	450000 37,5 €	42000 3,5 €	42000 3,5 €	42000 3,5 €
Totaux		1 026 000 Fmg 85,5 €				

1 € = 12 000 Fmg

6.7.3 *Equipements*

Des équipements sont nécessaires pendant la réalisation de ce projet tels que fourniture de bureau, micro-ordinateur complet permettent de saisir les rapports d'activité. Une voiture tout terrain approvisionnée de carburant permet aux personnels du projet de rejoindre d'urgence, à tout moment sur le terrain. Le coût de ces différents équipements est résumé au Tableau 39.

Tableau 39 : Evaluation en Fmg et en € de coût des équipements du projet pendant 5 ans (A1 – A5)

Désignation	Coût U.	Coût (en Fmg/€)x1000					
		A1	A2	A3	A4	A5	Total
Ordinateur complet	6000 0,5 €	6000 0,5 €	-	-	-	-	6000 0,5 €
Encre	400 0,03 €	2000 0,16 €	2000 0,16 €	2000 0,16 €	2000 0,16 €	2000 0,16 €	10 000 0,83 €
Rame de papier	50000 4,16 €	250 0,02 €	250 0,02 €	250 0,02 €	250 0,02 €	250 0,02 €	1250 0,10 €
Total		8250 0,68 €	2250 0,18 €	2250 0,18 €	2250 187.5 €	2250 0,18 €	17250 1,44 €
Transport (voiture 4x4)	140000 11,66 €	140000 11,66 €	-	-	-	-	140000 11,66 €
Carburant		10000 0,83 €	10000 0,83 €	10000 0,83 €	10000 0,83 €	10000 0,83 €	50000 4,16 €
Total		158250 13,18 €	12250 1,02 €	12250 1,02 €	12250 1,02 €	12250 1,02 €	207250 17,27 €

1 € = 12 000 Fmg

6.7.4 *Coût de formations*

Les formateurs doivent percevoir pour chaque temps complet de travail sur le terrain un per diem de 75.000 Fmg par jour. Chaque formateur doit être présent au village pendant 44 jours la première année et 42 jours la deuxième année pour assister à l'aide technique sur les travaux importants, soit 86 jours au total et évalué à **657.900.000** Fmg.

6.7.5 *Coût de déplacement*

L'expert et les formateurs habitent dans la capitale de la région, pour réaliser leurs tâches sur terrain, des déplacements sont obligatoires. L'expert doit disposer d'une voiture qui lui permet de rejoindre rapidement un site dans le cas du besoin, alors que les formateurs utilisent le taxi-brousse dont le frais du voyage régional est fixé à 240.000 Fmg ou 20 € aller et retour (A/R). Pour réaliser les₂₃₁travaux, chaque formateur doit effectuer 6 déplacements la première année et 4 la deuxième, soit au total de 10 déplacements en 2 ans correspondant à 2.400.000 Fmg ou 200 € par formateur. Le coût de déplacement de 34 formateurs est de **81.600.000 Fmg** ou **6.800 €.**

7 REFERENCES BIBLIOGRAPHIQUES

Angevin S (1995) Etude et exploitation d'un gisement de Spiruline dans la région sud de Madagascar

Ayala F (2004) Industrial and semi industrial production of Spirulina, third world potential (modular systems). Colloque international: CSSD "Les Cyanobactéries pour la Santé, la Science et le Développement", Iles des Embiez

Belay A, Oa Y. (1994) Production of hight Spirulina at earthrise farms. In: Phang S. M., Borwitzka M. A., Witton B. (Eds), University of Malaysia, Kuala Lumpur: 92-102

Blanc-Pamard C (1999) A l'Ouest d'Analabo. GEREM (CNRE/IRD), Antananarivo

Borowitzka MA, Borowitzka LJ (1988) Microalgal biotechnology. Cambridge University Press, Sydney

Busson F (1971) *Spirulina platensis* (Gom.) Geitler et *Spirulina geitleri* J. de Toni cyanophycées alimentaires.

Cyanophycées alimentaires

Carlota de Oliveira R-Y, Danesi E. D. G., Monteiro de Carvalho J. C., Sato S. (2004) Chlorophyll production from Spirulina platensis: cultivation with urea addition by fed-batch process. Bioresource Technology 92: 133-141

Chen F, Zhang Y., Guo S. (1996) Growth and phycocyanin formation of *Spirulina platensis* in photoheterotrophic culture. Biotechnol. Lett. 18: 603-618

Ciferri O, Tiboni O, Riccardi G, Sanangelantoni AM, De Rossi E, Milano A, Di Pasquale G (1993) Mutant, gènes and phylogeny of

Spirulina platensis. Bulletin de l'Institut Océanographique, Monaco, n° spécial 12: 25-29

Clément G (1975a) Production et constituants caractéristiques des algues *Spirulina platensis* et *maxima*. ANNALES DE NUTRITION ALIMENTAIRE 29: 477-488

Clement G, Rebeller M (1974) Etude de la culture des algues Spirulines dans l'eau de mer. Institut Français du Pétrole

Clément M (1975b) Production et constituant caractéristiques des algues *Sprulina platensis* et *maxima*. ANN. Nutr. Alim. 29: 477-488

Delpeuch F, Joseph, A., Contrat DRGST 71 7 3227, (1973) 1er Symposium sur la valeur nutritionnelle de Spirulines

Dillon JC (2000) Nutrition et malnutrition chez l'enfant. Cahier Antenna n°2: 1-20

Durand-Chastel H (1993) La Spiruline, algue de vie. Bulletin de l'Institut Océanographique, Monaco, n° spécial 12: 7-11

Falquet J (1996) Spiruline Aspects Nutritionnels. Antenna Technologie: 22

Farrar WV (1966) Tecuitlatl, a glimps of Aztec food technology. Nature (London) 211: 341-342

Faucher O, Coupal B, Leduy A (1979) Utilization of seawater-urea as a culture medium for *Spirulina maxima*. Canadian Journal of Microbiology 25: 752-759

Fauroux E (1989) AOMBE 2 " Le Boeuf et le Riz dans la vie économique et sociale Sakalava dans la valée de la Maharivo. MRSTD Antananarivo, ORSTOM Paris

Fauroux E (2002) Comprendre une société rurale: une méthode d'enquête anthropologique appliquée à l'Ouest malgache.: p 46

Fleury M (1991) "Busi-Nenge" Les   hommes-forêt,   essai d'ethnobotanique chez les Aluku (Boni) en Guyane française., Paris

Fox RD (1999a) Spiruline Technique, pratique et promesse. EDISUD, Aix-en-Provence

Fox RD (1999b) Third millenium aquaculture. Farming the micro-oceans. Bulletin de l'Institut océanographique Fondation Prince Albert Ier, Prince de Monaco, Monaco, pp 624

Gardner (1917) University California publs botany6: 9

Geitler L (1932) Cyanophyceae. In: Rabenhorst's Kryptogamenflora von Deutschland, Osterreich und der Schweiz. Kolkwits R.

Golubic S, Knoll A H. (1993) Prokaryotes. In Lipps, J H (ed) Fossil prokaryotes and protists: 51-76

Gomont M (1892) Monographie des Oscillatoriées

Goupille C (1985) Travaux d'étude et de recherche les spirulines. Cyanobactérie utilisées dans l'alimentation humaine. Initiation à la recherche sur Internet: 15

Guglielmi G, Rippka R, Tandeau de Marsac N (1993) Main Properties that Justify the Different Taxonomic Position of *Spirulina spp.* and Arthrospira spp. among Cyanobacteria. Bulletin de l'Institut Océanographique, Monaco, n° spécial 12: 13-24

Henrikson R (1997) Earth food *Spirulina* "How this remarkable blue-green algae can transform your health and our planet". Monore Earthrises, Inc. Kenwood, California: 187

Henrikson R (1999) Comment *Spirulina* est écologiquement développé. Ronore Enterprises Inc. de www.spirulinasource.com6

Heurtebize G (1986) Quelques aspects de la vie dans l'Androy (Extrême - Sud de Madagascar) Musée d'art et d'archéologie, Université de Madagascar, pp 351

Itlis A (1974) Le phytoplancton des eaux natronées du Kanem (Tchad). Influence de la teneur en sels dissous sur le peuplement algal, Paris

Jiménez C, Belén R. C., Xavier N. F. (2003) Relationship between physicochemical variables and productivity in open ponds for the production of *Spirulina* : a predictive model of algal yield. ELSEVIER Aquaculture 221: 331-345

Jourdan JP (1999) Cultivez votre Spiruline. Manuel de Culture Artisanale de la Spiruline

Kapsiotis GD (1967) La lutte pour satisfaire les besoins en protéines. Bull. Nutr. FAO, Rome, 5: 28-34

Kebede E (1997) Response of Spirulina platensis (=Arthrospira fusiformis) from Lake Chitu, Ethiopia, to salinity stress from sodium salts. Jounal of Applied Phycology 9: 551-558

Kihlberg R (1972) The microbe as a source of food. Annu. Rev. Microbiol 26: 427-466

Koechlin B (1975) Les Vezo du Sud-Ouest de Madagascar. *Contribution à l'étude de l'écosystème de semi-nomades marins*

Kosaric N, Nguyen HT, Bergougnou MA (1974) Growth of *Spirulina maxima* algae in influents from secondary waste-water treatment plants. Biotechnology and bioengineering XVI: 001-096

Lavondès H (1967) BEKOROPAKA. Quelques aspects de la vie familiale et sociale d'un village malgache. Centre National de la Recherche Scientifique

Lee YK (2001) Microalgal mass culture systems and methods: their limitation and potential. Journal of Applied Phycology 13: 307-315

Lemoine Y, Dang DK, Phan PA, Zabulon G, Thomas JC (1993) Influence of Salinity on Growth Rates and on Pigment and Protein

Contents of *Spirulina maxima* and *Spirulina platensis*. Bulletin de l'Institut Océanographique, Monaco, n° spécial 12: 77-87

Leonard J (1966) The 1964-65 Belgian trans- Saharan expedition. Nature 209: 126-128

Li JH (2004) Recherche sur les applications et fonctions cliniques de la Spiruline en Chine. In: Colloque international: CSSD "Cyanobactéries pour la Santé SeDIdE (ed)

Lova (2004) Malnutrition, Madagascar parmi les plus touchés. Madagascar Tribune n° 4651

ltlis A (1970) Phytoplancton des eaux natronées du Kanem (Tchad). IV. Note sur les espèces du genre Oscillatoria sous-genre Spirulina (Cyanophyta) ORSTOM, sér. Hydrobiologie,, pp 129-134

Olguin EJ (2000) The cleaner production strategy applied to animal production. in: Olguin E. J., Sanchez G., Hernandez E. (EDS) Environment biotechnology and cleane processes. Taylor & Francis, London: 227-241

Olguin EJ, Galicia S, Camacho A, Mercado G, Perez TJ (1997) Productionn of *Spirulina sp* in sea water supplemented with anaerobic effluents in outdoor raceways under temperate climatic conditions. Applied Microbiology and Biotechnology 48: 242-247

Ottino P (1964) Les armonies paysannes malgaches du bas Mangoky. Paris, l'homme d'om: 164 p

Ottino P (1988) L'étrangère intime. Essai d'anthropologie de la civilisation de l'ancien Madagascar. Paris, ed. Archives contemporaines 2 volumes: 280 p + 272 p

Palinska KA, Krumbein WE, Schlemminger U (1998) Ultramorphological studies on *Spirulina sp.* Botanica marina 41: 349-355

Phang SM, Chu W. L. (1999) University of Malaysia Algae Culture Collection. Catalogue of Strains. Institute of Postgraduate Studies and Research Bibliographie and Research Guides: BPP. Bil.2, University of Malaya, Kuala Lumpure, Malaysia

Phang SM, Miah MS, Yeoh BG, Hashim MA (2000) *Spirulina* cultivation in digested sago starch factory wastewater. Journal of Applied Phycology 12: 395-4000

Pirt SJ (1975) Principles of microbes and cell cultivation. W. John & Sons, Inc, New York, N. Y

Rao DLR, Vankataraman G. S., Duggal S. K. (1981) Amino acid composition and protein efficiency ratio (PER) of *Spirulina platensis*. Proc. Indian Acad. Sci. (Plant Sci.), 90: 451-455

Ravelo V (2001) Bioécologie, valorisation du gisement naturel de spiruline de Belalanda (Toliara, Sud-Ouest de Madagascar) et technologie de la culture. Thèse de Doctorat de 3e cycle en Océanologie Appliquée, Institut Halieutiques et des Sciences Marines Université de Toliara, Toliara Madagascar

Rich F (1931) Notes on *Arthrospira platensis*. Rev. Algol n°6

Richmond A (1988) *Spurilina* Microalgal Biotechnology, pp 85-121

Richmond A, Lichtenborg B., Stalhl D., Vonshak A. (1990) Quantitative assessment of the major limitations on productivity of *Spirulina platensis* in open raceways. J. App. Phycol. 2: 195-206

Roussel B, Métayer G. (1998) L'ethnobiologie au carrefour des Sciences de l'homme et de la nature

Sandrine T (1998) Usages alimentaires et Technologiques des végétaux spontanés dans la région de la forêt des Mikea (Sud Ouest de Madagascar). Mémoire de stage, Paris

238

SEECALINE (1996) Evaluation de la situation alimentaire et nutritionnelle à Madagascar., Faritany de Toliara. Projet de Securité Alimentaire et Nutrition (SEECALINE)

SEECALINE (1997) Evaluation de la situation alimentaire et nutritionnelle à Madagascar., Faritany de Toliara. Projet de Sécurité Alimentaire et Nutrition (SEECALINE)

SEECALINE (2003) Surveillance et éducation des écoles et des communautés en matière d'alimentation et nutrition élargie. Seecaline, Direction provinciale de Toliara

Stanier RY (1974) Division I, The Cyanobacteria. In: Bergey's manual of determinative bacteriology. Bouchanan R. E and Gibbon N. E.

Stanier RY, Van Niel C. B. (1962) The concept of a bacterium. Arch. Mikrobiol. 42: 17-35

Tomaselli L (1997) Morphology, Ultrastructure and Taxonomy of Arthrospira (Spirulina) maxima and Arthrospira (Spirulina) platensis. In Spirulina platensis (Arthrospira) Physiology, Cell-biology and biotechnology edited by AvigadVonshak: 1-15

Toni Jd (1936) Note Nomenclature algae3

Tredici MR, Papuzzo T, Tomaselli L (1986) Outdoor mass culture of *Spirulina maxima* in sea-water Applied Microbiology and Biotechnology, pp 47-50

Vérin P (1990) Madagascar, Paris

Vola A (2003) Un enfant sur deux affecté par la malnutrition chronique. Midi Madagasikara, premier quotidien national de Madagascar n° 6051: p 5

Vola A (2004) Malnutrition : 8 Malgache sur 10 vivent dans l'insécurité alimentaire. Midi Madagasikara, premier quotidien national de Madagascar

Vonshak A (1990) Recent advances in microalgal biotechnology. Biotech. Adv. 8: 709-727

Vonshak A (1997a) *Spirulina platensis* (*Arthrospira*): Physiology, cell-biology and Biotechnology. Taylor & Francis, Negev, Israel

Vonshak A (1997b) Spirulina: growth, physiology and biochemistry: 43-65

Vonshak A, Abeliovich A., Boussiba S., Arad S., A. R (1982) Production of Spirulina biomass: effect of environnemental factors and population density. Biomass. Applied Science Publishers Ltd, England 2: 175-185

Vonshak A, Guy R, Guy M (1988) The response of the filamentous cyanobacterium *Spirulina platensis* to salt stress Archives of Microbiology. Micro-Algal Biotechnology Laboratory, pp 417-420

Weid DVD (2000) Malnutrition: massacre silencieux. Antenna Technologie. Cahier n° 1

Wilmotte A, Waleron M., Waleron K., Duysens G., Hendrickx L., Minet P., M. M (2004) Diversité génétique du génome d'Arthrospira. Colloque International : CSSD "Les Cyanobactéries pour la Santé, la Science et le Développement". Iles des Embiez (France)

Wu B, Tseng C. K., Xiang W (1993) Large-scale cultivation of *Spirulina* in seawater based culture medium. Botanica Marina 36: 99-102

Zarrouk C (1966) Contribution à l'étude d'une cyanophycée. Influence de divers facteurs physiques et chimiques sur la croissance et la photosynthèse de *Spirulina maxima* (Setch et Gardner) Geitler. Thèse pour l'obtention de grade de Docteur ès Sciences Appliquées à la Faculté des Sciences de l'Université de Paris, Paris

Zeng MT, Vonshak A (1998) Adaptation of Spirulina platensis

to salinity-stress. Comparative biochemistry and physiology Part A
120: 113-118

Zotina TA, Bolsunovsky AY, Kalachova GS (2000) The effect of salinity
on the growth and biochemical composition of cyanobacterium
Spirulina platensis. Biotekhnologiya: 85-88

7.1 Glossaire

Alobotry : kwashiorkor

Alofisake : marasme

Analavelona : un massif dans le sud de Madagascar

Andrasily : nom de fondateur d'un clan

Andrevola : nom de fondateur d'un clan royal

Andriamanary : nom de fondateur d'un clan

Androy : région des épines à l'extrême sud de Madagascar

Bara : ethnie malgache

Bele: tubercule de patate douce

Dina ou dinam-pokonolona : convention collective

Fady : tabou

Fanjakana : Administration centrale

Fatidra : frère de sang

Fatsiolitse : plantes xérophiles

Fihavanana : paix résultant de relation de parenté

Filongoa : paix résultant des relations de voisinage

Fokonolona : ensemble de la population du village

Fokontany : village ou ensemble de petits villages administré par un représentant de l'Etat.

Hatsake : culture sur brûlis

Havana ou longo : relation de parenté

Havoa : malédiction d'origine surnaturelle pesant sur un lignage quand un ou plusieurs de ses membres ont commis des erreurs contre les règles

Hazomanga : poteau cérémoniel

Ihosy : nom d'une région à la limite de province Fianarantsoa à Toliara

Kere : famine spécifique de la zone sud de Madagascar due à la sécheresse prolongée.

Linta : fleuve du sud de Madagascar

Longo : allié

Mahafale : ethnie malgache

Manambolo : fleuve du sud de Madagascar

Mandrare : fleuve du sud de Madagascar

Mangoky : fleuve du sud Ouest de Madagascar

Maroserana : nom de fondateur d'un clan royal

Masikoro : ethnie malgache

Menabe : région du sud ouest de Madagascar

Menarandra : fleuve du sud de Madagascar

Misara : nom de fondateur d'un clan royal de la région Menabe

Morondava : capital de la région Menabe

Mpanarivo : littéralement ceux qui en ont mille, (sous attendu mille bœufs), puissant économiquement

Mpiavy : migrants

Mpitoka hazomanga : responsable du poteau cérémoniel

Mpizaka : négociateurs professionnels reconnus dont les décisions sont acceptées comme équitables

Mpiziva : parents à plaisanterie

Olobe : personne âgée, notables lignagers

Ombiasy : devin-guérisseurs

Onilahy : fleuve du sud de Madagascar

Pika : tranche de tubercule de patate douce séchée que l'on peut conserver

Bele : tubercule de patate douce

Ray aman-dreny ou olobe : notables lignagers

Saha : personnages chargés de faire comprendre au public les paroles du possédé en transe

Sakalava : ethnie malgache

Sakoambe : nom de fondateur d'un clan

Tanalana : ethnie malgache

Tandroy : ethnie malgache qui habite à Androy

Tompontany : autochtones

Tromba : culte de possession, possédé

Tsiokantimo : vent du sud

Vezo : ethnie malgache pêcheur en mer

Vezom-potake : littéralement « vezo de la boue » ethnie vezo spécialisé à la pêche dans la mangrove en faisant parfois un peu d'agriculture

Zafimanely : nom de fondateur d'un clan